科普总动员

城市依托建筑,建筑传播文化。让我们一起来领略独具匠心的建筑奇葩吧!

编著：柳敏夏
吕嘉琦

独具匠心的

建筑奇葩

山西出版传媒集团

山西经济出版社

图书在版编目（CIP）数据

独具匠心的建筑奇葩 / 柳敏夏, 吕嘉琦编著. — 太原：山西经济出版社, 2017.1（2025.5重印）

ISBN 978-7-5577-0149-9

Ⅰ.①独… Ⅱ.①柳…②吕… Ⅲ.①建筑—青少年读物 Ⅳ.①TU-49

中国版本图书馆CIP数据核字（2017）第009783号

独具匠心的建筑奇葩
DUJUJIANGXIN DE JIANZHUQIPA

编　　著：柳敏夏　吕嘉琦
出版策划：吕应征
责任编辑：李慧平
装帧设计：蔚蓝风行

出 版 者：山西出版传媒集团·山西经济出版社
社　　址：太原市建设南路 21 号
邮　　编：030012
电　　话：0351-4922133（发行中心）
　　　　　0351-4922142（总编室）
E-mail：scb@sxjjcb.com（市场部）
　　　　　zbs@sxjjcb.com（总编室）
经 销 者：山西出版传媒集团·山西经济出版社
承 印 者：河北晔盛亚印刷有限公司
开　　本：787mm×1092mm　　1/16
印　　张：10
字　　数：150 千字
版　　次：2017 年 1 月　第 1 版
印　　次：2025 年 5 月　第 4 次印刷
书　　号：ISBN 978-7-5577-0149-9
定　　价：56.00元

前言 ■独具匠心的建筑奇葩

辽阔无垠的山川大地，苍茫无际的宇宙星空，人类生活在一个充满神奇变化的大千世界中。异彩纷呈的自然科学现象，古往今来曾引发无数人的惊诧和探索，它们不仅是科学家研究的课题，更是青少年渴望了解的知识。通过了解这些知识，可开阔视野，激发探索自然科学的兴趣。

本书介绍了建筑的相关知识。分"世界建筑瑰宝""中国建筑奇迹""未来建筑猜想"3个篇章，将几千年来人类创造的灿烂建筑成果呈现给青少年朋友们。全书图文并茂、通俗易懂，并以简洁、鲜明、风趣的标题引发青少年的阅读兴趣。

在人类文明发展史上，建筑是人类智慧的结晶，是几千年来人类创造的最伟大的奇迹和最古老的艺术之一。最初的建筑主要是为遮风避雨、防寒祛暑而营造的，是人类为抵抗残酷无情的自然力而自觉建造起来的第一道屏障，只具有实用目的。随着社会的进步和物质技术的发展，建筑才具有审美的性质，直至发展成为以作为权势象征为主要目的的宫殿建筑，以供观赏为主要目的的园林建筑等。建筑是时代的一面镜子，它以独特的艺术语言熔铸、反映出一个时代、一个民族的审美追求，以其触目的巨大形象，具有四维空间和时代的流动性，讲究空间组合的节律感等，而被誉为"凝固的音乐""立体的画""无形的诗"和"石头写成的史书"。

人类的建筑历史经历了几千年的发展变化，在其发展过程中，不断显示出人类所创造的物质精神文明，本书根据地区的划分，以图文并茂的形式，对世界上的部分著名建筑进行了一次全方位的介绍，其地理位置、建筑特色、建造的缘由与过程都在书中有详尽的描述。从古罗马雄伟的斗兽场、古埃及的金字塔到中国的万里长城，从希腊国宝帕特农神庙、山顶的婆罗浮屠塔、柬埔寨的标志吴哥窟、缅甸的仰光大金塔到神秘沧桑的故宫、高原圣殿布达拉宫、宏大美丽的凡尔赛宫、华美无比的巴黎歌剧院，从圣彼得大教堂、久负盛名的凯旋门、旧金山的金门大桥到运动圣地鸟巢、中国的骄傲东方明珠、桥梁典范东海大桥，从古巴比伦的空中花园到未来的飞行酒店……这些建筑无一不闪耀着人类智慧的光芒，诉说着不同历史时期人类传奇的建筑梦想，表达着建筑大师们独特的设计理念。而且它们背后都有一段惊心动魄的历史，为人乐道的神话故事或传奇更为其涂上了一层神秘的色彩。这些建筑展现给人们的不仅是建筑本身的独特构造与深厚的艺术价值，更是对隐藏在它们背后的文化内涵的深刻揭示。

建筑艺术是历史的，更是时代的；是民族的，也是世界的。回望过去，展望未来，在人类进入高科技时代的今天，伴随着经济发展的同时也带来了对自然生态的破坏、城市环境的污染和能源危机，在这种背景下，实现建筑的科学和可持续发展成为未来建筑发展的方向。以最大限度地节约资源、保护环境、减少污染，为人们提供健康、适用和高效的使用空间的"绿色建筑""生态建筑""智能建筑""太阳能建筑""节能建筑"等新型建筑，势必将展现迅猛发展势头，建筑艺术也必将走向更多元化、更艺术化的风格，从而创造出更加美轮美奂的建筑精品。

目录
■独具匠心的建筑奇葩

第 1 章　世界建筑瑰宝

雄伟的古罗马斗兽场　　　　　　　2

完美建筑泰姬陵　　　　　　　　　5

埃及吉萨金字塔　　　　　　　　　8

阿布辛拜勒神庙　　　　　　　　　11

巴比伦空中花园　　　　　　　　　14

石头神迹雅典卫城　　　　　　　　17

奥林匹亚宙斯神像　　　　　　　　19

希腊国宝帕特农神庙　　　　　　　22

山顶的婆罗浮屠　　　　　　　　　25

柬埔寨的标志吴哥窟　　　　　　　28

缅甸的骄傲仰光大金塔　　　　　　31

美国政治家的舞台白宫　　　　　　34

英国白金汉宫　　　　　　　　　　38

俄罗斯克里姆林宫　　　　　　　　41

宏大美丽的凡尔赛宫　　　　　　　45

举世闻名的卢浮宫　　　　　　　　48

旷世杰作巴黎圣母院　　　　　　　51

华美无比的巴黎歌剧院　　　　　　54

悉尼的灵魂悉尼歌剧院　　　　　　57

圣彼得大教堂　　　　　　　　　　60

圣索菲亚大教堂　　　　　　　　　63

比萨的标志比萨斜塔　　　　　　　66

巴黎埃菲尔铁塔　　　　　　　　　70

久负盛名的凯旋门　　　　　　　　74

旧金山的象征金门大桥　　　　　　76

世界第一高塔哈利法塔　　　　　　79

日本第一塔东京塔　　　　　　　　82

第 2 章　中国建筑奇迹

建筑奇迹万里长城　　　　　　　　86

神秘沧桑的故宫　　　　　　　　　89

高原圣殿布达拉宫　　　　　　　　93

台北 101 大厦　　　　　　　　　　97

运动圣地鸟巢　　　　　　　　　　100

水上乐园水立方　　　　　　　　　103

艺术殿堂国家大剧院　　　　　　　107

中国的骄傲东方明珠　　　　　　　110

上海环球金融中心　　　　　　　　113

桥梁典范东海大桥　　　　　　　　116

第 3 章　未来建筑猜想

人类的梦想绿色建筑　　　　　　　120

建筑发展方向生态建筑　　　　　　122

未来建筑标志智能建筑　　125

前景广阔的太阳能建筑　　128

未来建筑设计趋势　　130

未来建筑节能猜想　　134

未来的摩天大楼　　137

未来酒店的猜想　　143

未来天空之城的构想　　147

建筑师构想"漂浮之城"　　151

独具匠心的建筑奇葩

▼▼
目 录

世界建筑瑰宝

□独具匠心的建筑奇葩

第 **1** 章

雄伟的古罗马斗兽场

科普档案 ●建筑名称:古罗马斗兽场 ●建造时间:公元 72~82 年 ●遗址位置:意大利罗马市中心

古罗马斗兽场,也译作罗马大角斗场、罗马竞技场、罗马圆形竞技场、科洛西姆、哥罗塞姆,原名弗莱文圆形剧场,建于公元 72~82 年间,是古罗马文明的象征。

古罗马斗兽场,位于意大利首都罗马市中心,它在威尼斯广场的南面,古罗马市场附近。从外观上看,它呈正圆形;俯瞰时,它是椭圆形的。古罗马斗兽场的占地面积约 2 万平方米,大直径为 188 米,小直径为 156 米,圆周长 527 米,围墙高 57 米,这座庞大的建筑可以容纳近 9 万人。围墙共分四层,前三层均有柱式装饰,依次为多立克柱式、爱奥尼柱式、科林斯柱式,也就是在古代雅典看到的三种柱式。古罗马斗兽场以宏伟、独特的造型闻名于世,是古罗马建筑的代表作之一。

□古罗马斗兽场

古罗马斗兽场呈椭圆形,中央为表演区,长轴 86 米,短轴 54 米,地面铺上地板,外面围着层层看台。看台约有 60 排,分为五个区,最下面的前排是贵宾(如元老、长官、祭司等)区;第二层供贵族使用;第三区是给富人使用的;第四区由普通公民使用;最后一区则是给底层妇女使用，全部是站席。在观众席上还有用悬索吊挂的天篷，这是用来遮阳的；而且天篷向中间倾斜，便于通风。这些天篷由站在最上层柱廊的水手们像控制风帆那样操控。

□古罗马斗兽场

古罗马斗兽场内部的看台是在三层混凝土制的筒形拱上的，每层80个拱，形成三圈不同高度的环形券廊，最上层则是50米高的实墙。看台逐层向后退，形成阶梯式坡度。每层的80个拱形成了80个开口，最上面两层则有80个窗洞，观众们入场时就按照自己座位的编号，首先找到自己应从哪个底层拱门入场，然后再沿着楼梯找到自己所在的区域，最后找到自己的位子。整个斗兽场最多可容纳5万人，由于入场设计周到不会出现拥堵混乱，这种入场的设计即使是今天的大型体育场依然在沿用。古罗马斗兽场表演区地底下隐藏着很多洞口和管道，这里可以容纳道具和牲畜，以及安置角斗士，表演开始时再将他们吊起到地面上。古罗马斗兽场甚至可以利用输水道引水。公元248年在斗兽场就曾这样将水引入表演区，形成一个湖，表现海战的场面。

古罗马斗兽场由弗拉维安王朝的三个皇帝建造，它正式的名字是弗拉维安竞技场。它的建造是这个新王朝的家族为提高自身在公众中的地位而发起的一系列运动的一部分。韦斯帕西恩是这个王朝的缔造者，他的出身并不高贵；在尼禄自杀后的一年中，罗马又经历了三个短命皇帝的失败统治，韦斯帕西恩随后坐上了皇位。那时尼禄并未被遗忘，他所吞噬的广袤的土地和其他的奢侈物已经激起民愤。因此，当韦斯帕西恩决定填平那属于尼禄的豪华金色宫殿的人工湖,将其变成公共娱乐场所的时候,几乎没有任何人提出异议。

公元 80 年斗兽场工程竣工之时,举行了为期 100 天的庆祝典礼。古罗马统治者组织、驱使 5000 头猛兽与 3000 名奴隶、战俘、罪犯上场"表演"、殴斗,这种人与兽、人与人的血腥大厮杀居然持续了 100 天,直到这 5000 头猛兽和 3000 条人命自相残杀、同归于尽。无怪乎有人说,只要你在角斗台上随便抓一把泥土,放在手中一捏,就可以看到印在掌上的斑斑血迹。

古罗马斗兽场在建筑史上堪称典范,以庞大、雄伟、壮观著称于世。现在虽只剩下大半个骨架,但其雄伟之气魄、磅礴之气势犹存。

📖 知识链接

古罗马斗兽场

古罗马斗兽场是古罗马帝国当时为取悦凯旋的将领士兵和赞美伟大的古罗马帝国而建造的。古罗马斗兽场的建筑设计并不落后于现代的美学观点,而事实上,大约 2000 年后的今天,每一个现代化的大型体育场都或多或少地烙上了一些古罗马斗兽场的设计风格。

完美建筑泰姬陵

科普档案　●建筑名称：泰姬陵　　　●建造时间：17世纪初　　　●位置：印度阿格拉城内

　　泰姬陵是莫卧儿王朝第五代皇帝沙贾汗为了纪念他已故皇后阿姬曼·芭奴而建立的陵墓，现在被人们誉为"完美建筑"，是印度知名度最高的古迹之一。

　　泰姬陵，全称为"泰吉·玛哈尔陵"，又译为泰姬玛哈，是一座全部用白色大理石建成的宫殿式陵园，是印度知名度最高的古迹之一。泰姬陵是莫卧儿王朝第五代皇帝沙贾汗为了纪念他已故皇后阿姬曼·芭奴而建立的陵墓，现在被人们誉为"完美建筑"。

　　泰姬陵，位于今印度新德里北200多千米外的阿格拉城内，亚穆纳河右侧。泰姬陵由殿堂、钟楼、尖塔、水池等构成，全部用纯白色大理石建造而成，用玻璃、玛瑙镶嵌，绚丽夺目、美丽无比，有极高的艺术价值，是伊斯兰教建筑中的代表作。2007年7月7日，泰姬陵被评为世界新七大奇迹之一。

　　17世纪初，泰姬陵在印度北部亚穆纳河转弯处的大花园内开始动工兴建，当时极负盛名的建筑师拉何利，以德里的胡马雍陵为蓝图，动员2万名来自世界各地的工匠、书法家，融合中亚、波斯和印度本土风格，花了22年时间，完成了这座伟大的纯白色大理石艺术建筑。

　　泰姬陵整个陵园面积是一个长方形，建筑高62米，长576米，宽293米，总面积为17万平方米。四周被一道红砂石墙围绕。正中央是陵寝，在陵寝东西两侧各建有清真寺和答辩厅这两座式样相同的建筑，两座建筑对称均衡，左右呼应。陵的四方各有一座尖塔，高达40米，内有50层阶梯，是专供穆斯林阿訇拾级登高而上的。大门与陵墓由一条宽阔笔直的用红石铺成的甬道相连接，左右两边对称，布局工整。在甬道两边是人行道，人行道中

□印度泰姬陵

间修建了一个"十"字形喷泉水池。泰姬陵的前面是一条清澄水道,水道两旁种植有果树和柏树,分别象征生命和死亡。

陵园分为两个庭院:前院古树参天,奇花异草,芳香扑鼻,开阔而幽雅;后面的庭院占地面积最大,由一个十字形的宽阔水道,交汇于方形的喷水池。喷水池中一排排的喷嘴,喷出的水柱交叉错落,如游龙戏珠。后院的主体建筑,就是著名的泰姬的陵墓。陵墓的基座为一座高 7 米、长宽各 95 米的正方形大理石,陵墓边长近 60 米,整个陵墓全用洁白的大理石筑成,顶端是巨大的圆球,四角矗立着高达 40 米的圆塔,庄严肃穆。象征智慧之门的拱形大门上,刻着《古兰经》。中央墓室放着泰姬和沙贾汗的两具石棺,宝石闪烁。

寝宫居于陵墓正中,四角各有一座塔身稍外倾的圆塔,以防止塔倾倒后压坏陵体。寝宫的上部为一高耸饱满的穹顶,下部为八角形陵壁,上下总高 74 米,用黑色大理石镶嵌的半部《古兰经》的经文置于 4 扇拱门的门框上。寝宫内有一扇由中国巧匠雕刻得极为精美的门扉窗棂。寝宫共分宫室 5 间,宫墙上有构思奇巧的用珠宝镶成的繁花佳卉,使宫室更显光彩照人。中央八角形大厅是陵墓的中心,在墙上镶嵌着浅浮雕和精美的宝石。中心线上安放着泰姬的墓碑,国王沙贾汗的墓碑则位于其旁边。

泰姬陵在早中晚所呈现出的面貌各不相同,早上是灿烂的金色,白天在阳光下是耀眼的白色,夕阳斜照下,白色的泰姬陵从灰黄、金黄,逐渐变成粉红、暗红、淡青色,而在月光下又成了银白色,白色大理石映着淡淡的蓝色荧光,更给人一种恍若仙境的感觉。有人说,不看泰姬陵,就不算到过印度;不在月光下来到泰姬陵,就不算到过泰姬陵。陵园无论构思还是布局都是一个完美无缺的整体,它充分体现了伊斯兰建筑艺术庄严肃穆、气势宏伟的独特魅力。

泰姬陵是世界上完美艺术的典范,基本上是由大理石建成的。它不仅表达了沙贾汗对爱妻的深切纪念,也是给人类的一份厚礼。

泰姬陵是世界奇迹之一,展现了世界高超的建筑设计水平,体现了绝佳的建筑艺术和风格。沙贾汗在泰姬陵建成不久便被儿子废除了王位,被囚禁在阿格拉城堡,晚年靠每天远望泰姬陵度日,直至伤心忧郁而死。他死后,与宠妃一起被葬在了泰姬陵。泰姬陵是一座伟大的爱情纪念碑,它是一代君王爱情的见证,它向世人讲述着他们的爱情故事。

📖 知识链接

泰姬陵

泰姬陵在早中晚所呈现出的面貌各不相同,早上是灿烂的金色,白天在阳光下是耀眼的白色,夕阳斜照下,白色的泰姬陵从灰黄、金黄,逐渐变成粉红、暗红、淡青色,而在月光下又成了银白色,白色大理石映着淡淡的蓝色荧光,更给人一种恍若仙境的感觉。有人说,不看泰姬陵,就不算到过印度;不在月光下来到泰姬陵,就不算到过泰姬陵。

埃及吉萨金字塔

科普档案 ●建筑名称: 吉萨金字塔 ●建造时间: 公元前 2600～前 2500 年 ●位置: 埃及尼罗河两岸

金字塔闪耀着古埃及人民智慧和力量的光芒，是古代埃及文明的象征。埃及吉萨的 10 座金字塔是古代七大奇迹之一，它们耸立在尼罗河两岸的沙漠之上，是古埃及时期最高的建筑成就。

埃及吉萨的 10 座金字塔是古代七大奇迹之一，它们耸立在尼罗河两岸的沙漠之上，建造在离当时的首都孟菲斯不远的吉萨，是古埃及时期最高的建筑成就。

埃及吉萨金字塔中 3 座最大、保存最好的金字塔是由第四王朝的 3 位皇帝胡夫、海夫拉和门卡乌拉在公元前 2600～前 2500 年建造的。胡夫金字塔高 146.6 米，底边长 230.35 米；海夫拉金字塔高 143.5 米，底边长 215.25 米；门卡乌拉金字塔高 66.4 米，底边长 108.04 米。在这 3 座大金字塔中最大的是胡夫金字塔，它是一座几乎实心的巨石体，用 200 多万块巨石砌成。成群结队的人将这些大石块沿着地面斜坡往上拖运，然后在金字塔周围以一种脚手架的方式层层堆砌。金字塔的旁边还有一些皇族和贵族的小小的金字塔和长方形台式陵墓。

最初铺盖金字塔的外层磨光的灰白色石灰石块几乎全部消失了。如今见到的是下面淡黄色的石灰大石块，显露出其内部结构。金字塔中心有墓室，可以从甬道进去，墓室顶上分层架着几块几十吨重的大石块。建成的金字塔被用做陵墓。古埃及人相信死后永生，金字塔内的墓穴起初堆满了黄金和各种贵重物品。相传，古埃及第三王朝之前，无论王公大臣还是老百姓死后，都被葬入一种用泥砖建成的长方形的坟墓，古代埃及人叫它"马斯塔巴"。后来，有个聪明的年轻人伊姆荷太普，在给埃及法老左塞王设计坟墓

□吉萨金字塔群

时,发明了一种新的建筑方法,最终建成一个六级的梯形金字塔——这就是我们现在所看到的金字塔的雏形。在古代埃及文中,因金字塔是梯形分层的,所以被称作层级金字塔。这是一种高大的角锥体建筑物,底座四方形,每个侧面是三角形,样子就像汉字的"金"字,所以中国人把它写为"金字塔"。伊姆荷太普设计的塔式陵墓是埃及历史上的第一座石质陵墓。

吉萨的3座金字塔的排列是按照猎户座的腰排列的,而以尼罗河作为银河。猎户座对埃及人有重要意义,因为他们相信神住在猎户座上,也即天堂所在。金字塔都是正方位的,但互以对角线相接,造成建筑群参差的轮廓。在海夫拉金字塔祭祀厅堂门厅旁边的狮身人面像,它的写实性和金字塔的抽象性对比,使整个建筑群富有变化,也更完整。

有人对最大的金字塔——胡夫金字塔测量和研究后,提出了许多蕴涵在大金字塔中的数字之谜。譬如:延伸胡夫大金字塔底面正方形的纵平分线至无穷则为地球的子午线;穿过胡夫大金字塔的子午线,正好把地球上的陆地和海洋分成均匀的两半,而且塔的重心正好坐落在各大陆引力的中心;把大金字塔底面正方形的对角线延长,恰好能将尼罗河口三角洲包括在内,而延伸正方形的纵平分线,则正好把尼罗河口三角洲平分;大金字塔的底面周长230.36米,为362.31库比特(古埃及一种度量单位),这个数字与一年中的天数相近；大金字塔的原有高度 146.7 米（现已塌落至 137.3 米）乘以 10 亿，约等于地球到太阳之间的距离；大金字塔 4 个底边长之和，除以高度的两倍，即为 3.14——圆周率；大金字塔高度的平方，约为 21520 米，而其侧面积为 21481 平方米，这两个数字几乎相等；从大金字塔的方位来看，4 个侧面分别朝向正东、正南、正西、正北，误差不超过 0.5 度；在朝向正北的塔的正面入口通路的延长线，放一盆水代替镜子用，那么北极星便可以映到水面上来……这些数字关系是一种偶然巧合，还是建造者的有意设计？

　　金字塔闪耀着古埃及人民智慧和力量的光芒，是古代埃及文明的象征。直到今天，规模宏大、建筑神奇、气势雄伟的金字塔依然给人留下许多未解之谜。

🔖 **知识链接**

金字塔

　　在古埃及，金字塔不仅是王室的陵墓，更代表着国王的尊严和权威。建造一座金字塔是牵动朝野的国家工程，每一个臣民都必须为之贡献人力、食品和其他物质，它的功能是将死后的国王变为神。

阿布辛拜勒神庙

科普档案 ●建筑名称:阿布辛拜勒神庙●建造时间:公元前1290年~前1224年●位置:埃及阿斯旺市

阿布辛拜勒神庙,是古埃及规模最大的岩窟庙建筑。神庙继承和体现了古埃及数千年宗教建筑艺术的特点,在古埃及法老时期,这里就建造了城市、宫殿和寺庙,这里是埃及古文明的见证。

阿布辛拜勒神庙,是古埃及规模最大的岩窟庙建筑。神庙继承和体现了古埃及数千年宗教建筑艺术的特点,在古埃及法老时期,这里就建造了城市、宫殿和寺庙,这里是埃及古文明的见证。

阿布辛拜勒神庙,是一处位于埃及阿斯旺西南290千米的远古文化遗址,坐落于纳赛尔湖西岸,由两个由岩石雕刻而成的巨型神庙组成。阿布辛拜勒和它下游至菲莱岛的许多遗迹一起作为努比亚人遗址,被联合国教科文组织指定为世界遗产。

阿布辛拜勒神庙建于公元前1290年~前1224年埃及法老拉美西斯二世在位的时期。整个建筑凿在山中,入口处有四座高达21米的拉美西斯二世巨像,其中一个已经坍塌。旁边较小的是拉美西斯的妻子尼菲拉丽的神庙,外

□阿布辛拜勒神庙

□阿布辛拜勒神庙

有6尊挺立的雕像，其中4尊是拉美西斯，2尊是尼菲拉丽，每尊都高达10米。神庙内还有许多雕成人形的作支撑用的石柱，墙壁和顶上饰有色彩鲜明的浮雕图案。

阿布辛拜勒神庙不仅是埃及神庙中最美丽的一座神庙，而且也是20世纪60年代的"埃及古迹大搬迁"行动的"纪念碑"。现在的这两座神庙在1965~1969年被搬迁而来。当时埃及为解决尼罗河问题决定兴建阿斯旺大坝。大坝建成后，神庙将被淹没，为拯救文物，联合国教科文组织和埃及政府共同努力，采用现代科学技术，将神庙编号切成1000多块，整体上移了60米。原来每年在拉美西斯二世生日这天，阳光能照到神庙深处这位不朽帝王的坐像上，迁移后这个日子推迟了一天。

为纪念这一拆迁工程，在新址地下埋放了一本《古兰经》、两张埃及报纸和一些埃及硬币以及搬迁过程的文件。切割拆卸大庙时，要求石块尽量地大，接缝尽可能地小。每块重量一般为20~30吨。大庙被切成807块，小庙被切成235块。这些石块用起重机谨慎地吊起，运至贮石场按编号存放。然后再运至新址按原样重新装配。神庙的装配工作，正面的接缝全部用与石头同样颜色的灰浆补严，几乎未留下任何切割过的痕迹，但庙内装饰面却故意接缝明显，让游客与后人联想起神庙的搬迁。

迁移后的神庙成功地保持了其建造时的方位，即每年的春分和秋分时节，太阳光线可以穿过开凿在岩石里面深达63米的祭台间，照在太阳神雕像上，大神庙是供奉太阳神的。献给女神艾西丝和哈索尔的菲莱神庙是唯一一座融埃及法老时代的建筑风格和希腊—罗马建筑艺术于一体的综合性建筑，现已被转移到靠近阿吉基亚的小岛上。其他大的寺庙分别重建在四个精心挑选的地点：罗马时代的卡拉布舍寺、卡塔西亭和饰有反映非洲黑人生活浮雕的贝瓦里寺现已耸立在高坝附近；达克卡寺、马拉拉加寺和瓦蒂塞布阿寺被集中在瓦蒂塞布阿；建于公元前15世纪图特摩斯三世和阿美诺菲斯二世执政时期的努比亚地区最古老的寺庙马达寺庙群和彭努特小陵墓现移至阿马达；阿布·奥达祭台和普萨墓龛被送到阿布辛拜勒神庙的尼罗河对岸。

1979年，联合国教科文组织将阿布辛拜勒至菲莱的努比亚遗址作为文化遗产，列入《世界遗产名录》。早在古埃及法老时期，法老们就在努比亚建造了城市、宫殿和寺庙，还修筑了通往沙漠矿区的道路。这里与埃及古文明紧密相连，它的古代建筑，体现了数千年宗教建筑艺术的特点。

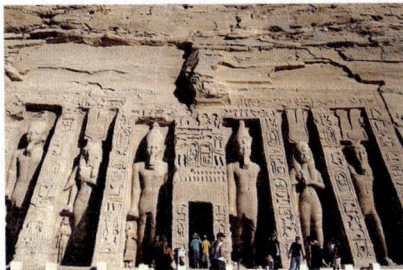

📚 **知识链接**

阿布辛拜勒神庙

阿布辛拜勒神庙在设计和建筑时，把当时最先进的地理、天文、数学等知识巧妙地吸收和运用了进来，创造了独特的"日出奇观"。整个寺院都是在尼罗河西岸的悬崖峭壁上凿出的。

巴比伦空中花园

科普档案 ●建筑名称:空中花园　●建造时间:公元前6世纪　●位置:巴比伦城

空中花园,是古代的世界七大奇迹之一,又称"悬苑",是公元前6世纪由新巴比伦王国的尼布甲尼撒二世在巴比伦城为其患思乡病的王妃安美依迪丝修建的。

千百年来,关于空中花园有一个美丽动人的传说。新巴比伦国王尼布甲尼撒二世娶了米底的公主安美依迪丝为王后。公主美丽可人,深得国王的宠爱。可是时间一长,公主愁容渐生。尼布甲尼撒不知何故。公主说:"我的家乡山峦叠翠,花草丛生。而这里是一望无际的巴比伦平原,连个小山丘都找不到,我多么渴望能再见到我们家乡的山岭和盘山小道啊!"原来公主得了思乡病。于是,尼布甲尼撒二世令工匠按照米底山区的景色,在他的宫殿里,建造了层层叠叠的阶梯形花园。上面栽满了奇花异草,并在园中开辟了幽静的山间小道,小道旁是潺潺流水。工匠们还在花园中央修建了一座城楼,矗立在空中。巧夺天工的园林景色终于博得公主的欢心。由于花园比宫墙还要高,给人感觉像是整个御花园悬挂在空中,因此被称为空中花园,又叫"悬苑"。当年到巴比伦城朝拜、经商或旅游的人们老远就可以看到空中城楼上的金色屋顶在阳光下熠熠生辉。所以,到公元2世纪,希腊学者在品评世界各地著名建筑和雕塑品时,把空中花园列为"世界七大奇观"之一。从此以后,空中花园更是闻名遐迩。

令人遗憾的是,空中花园和巴比伦文明其他的著名建筑一样,早已湮没在滚滚黄沙之中。我们要了解空中花园,只能通过后世的历史记载和近代的考古发掘。

19世纪末，德国考古学家发掘出巴比伦城的遗址。他们在发掘南宫苑时，在东北角挖掘出一个不寻常的、半地下的、近似长方形的建筑物，面积约1260平方米。这个建筑物由两排小屋组成，每个小屋平均只有6.6平方米。两排小屋由一走廊分开，对称布局，周围被高而宽厚的围墙所环绕。西边那排的一间小屋中发现了一口开了三个水槽的水井，一个是正方形的，两个是椭圆形的。根据考古学家的分析，这些小屋可能是原来的水房，那些水槽则是用来安装压水机的。因此，考古学家认为这个地方很可能就是传说中的空中花园的遗址。当年巴比伦人用土铺垫在这些小屋坚固的拱顶上，层层加高，栽种花木。至于灌溉用水则是依靠地下小屋中的压水机源源不断供应的。考古学家经过考证证明，那时的压水机使用的原理和我们现在使用的链泵基本一致。它把几个水桶系在一个链带上与放在墙上的一个轮子相连，轮子转动一周，水桶就跟着转动，完成提水和倒水的整个过程，水再通过水槽流到花园中进行灌溉。这种压水机现在仍在两河流域广泛使用。而且，考古学家也的确在遗址里发现了大量种植花木的痕迹。然而，到目前为止，在所发现的巴比伦楔形文字的泥版文书中，还没有找到确切的文献记载。因此，考古学家的解释是否正确仍需进一步研究。

巴比伦空中花园最令人称奇的地方是那个供水系统，因为巴比伦雨水不多，而空中花园的遗址相信也远离幼发拉底河，所以研究人员认为空中花园

□巴比伦空中花园

应有不少的输水设备。奴隶不停地推动连接着齿轮的把手,把地下水运到最高一层的储水池,再经人工河流返回地面。另一个难题是,在保养方面,因为一般的建筑物,要长年抵受河水的侵蚀而不塌陷是不可能的,由于美索不达米亚平原没有太多的石块,因此研究人员相信空中花园所用的砖块是与众不同的,它们被加入了芦苇、沥青及瓦,更有文献指出石块被加入了一层铅,以防止河水渗入地基。

📖 **知识链接**

空中花园

空中花园是上古时代巴比伦人的卓越成就,带给人民无比的骄傲,来到巴比伦的旅人们经常记录下这座伟大的奇观。空中花园应该是在公元前 6 世纪时由尼布甲尼撒二世国王所建,代表了工程学上的惊人表现,层层叠叠的花园中栽种了各式各样的树、灌木以及藤蔓。据说空中花园本来看起来像是由泥砖塑成的绿色高山,由城市中央升起。

石头神迹雅典卫城

科普档案　●建筑名称：雅典卫城　　●始建时间：公元前580年　　●遗址位置：雅典城西南

> 　　雅典卫城是希腊最杰出的古建筑群，是综合性的公共建筑，为宗教政治的中心地。雅典卫城面积约有4平方千米，位于雅典市中心的卫城山丘上，始建于公元前580年。

　　雅典卫城，是世界新七大奇迹之一，也称为雅典的阿克罗波利斯。希腊语为"阿克罗波利斯"，原意为"高处的城市"或"高丘上的城邦"，距今已有3000年的历史。

　　雅典卫城，遗址位于今雅典城西南，建造在海拔150米的石灰岩山冈上，是祭祀雅典守护神雅典娜的神圣地。建筑群建设的总负责人是雕刻家菲迪亚斯。卫城，原意是奴隶主统治者的圣地，古代在此建有神庙，同时又是城市防卫要塞。公元前5世纪，雅典奴隶主民主政治时期，雅典卫城遂成为国家的宗教活动中心，自希腊联合各城邦战胜波斯入侵后，更被视为国家的象征。每逢宗教节日或国家庆典，公民列队上山进行祭神活动。

　　作为古希腊建筑的代表作，雅典卫城达到了古希腊圣地建筑群、庙宇、柱式和雕刻的最高水平。这些古建筑无可非议地堪称人类遗产和建筑精品，在建筑学史上具有重要地位。迄今保存下来的大量的珍贵遗迹，集中展示了希腊的古代文明。1987年雅典卫城被列入《世界遗产名录》，世界遗产委员会评价为："文明、神话、宗教在希腊兴盛了一千多年。阿克罗波利斯包含四个古希

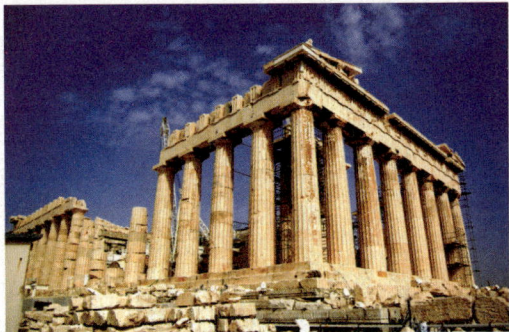

□雅典卫城遗址

腊艺术最大的杰作——帕特农神庙、通廊、厄瑞克修姆庙和雅典娜胜利女神庙——被认为是世界传统观念的象征。"

古代希腊城市具有战时市民避难之处的功能,是由坚固的防护墙壁拱卫着的山冈城市。坚固的城墙筑在四周,自然的山体使人们只能从西侧登上卫城。高地东面、南面和北面都是悬崖绝壁,地形十分险峻。公元前1500年,这里是王宫所在地,从公元前800年开始,人们在这里兴建神庙等祭祀用的建筑物,使之成为雅典宗教活动的中心,并且逐渐在高地下形成城市。

雅典作为最民主的城邦国家,卫城发展了民间自然神圣地自由活泼的布局方式。建筑物的安排顺应地势。为了同时照顾山上山下的观赏,主要建筑物贴近西、北、南三个边沿。供奉雅典娜的大庙帕特农从前在山顶中央,重建时移到南边,人工垫高它的地坪。

波斯人曾在希波战争中破坏了雅典卫城。人们在公元前5世纪后期希波战争结束之后,修筑了一条"长墙",长65千米,连接雅典与比雷埃夫斯港。此外,卫城内的神庙也进行了重建。公元前4世纪以后,雅典人在山下建起了一整套建筑物,体现了雅典人民的智慧和才干,如竞技场、会堂、扩建的狄奥尼索斯露天剧场、大柱廊等。17世纪阿克罗波利斯遭受破坏,变成一片废墟。1833年希腊建立王国后,逐渐进行修复。

雅典卫城是希腊最杰出的古建筑群,是综合性的公共建筑,为宗教政治的中心地。现存的主要建筑有卫城山门、雅典娜胜利女神庙、帕特农神庙、伊瑞克提翁神庙等,另有一座现代建筑卫城博物馆。

📖 知识链接

雅典卫城

雅典卫城是希腊最杰出的古建筑群,阿克罗波利斯建造的神庙,是综合性的公共建筑,为宗教政治的中心地。现存的主要建筑有卫城山门、帕特农神庙、伊瑞克提翁神庙、埃雷赫修神庙等。这些古建筑无可非议地堪称人类遗产和建筑精品,在建筑学史上具有重要地位。迄今保存下来的大量的珍贵遗迹,集中展示了希腊的古代文明。

奥林匹亚宙斯神像

科普档案 ●建筑名称:宙斯神像　●始建时间:公元前457年　●位置:希腊雅典卫城东南

> 为表示对希腊众神之神宙斯的崇拜而兴建的宙斯神像是当世最大的室内雕像,神像所在的宙斯神殿则是奥林匹克运动会的发源地。拜占庭的菲罗撰写记述世界七大奇迹时说:"我们以其他六大奇迹为荣,而敬畏宙斯神像。"

　　宙斯,希腊众神之神,是奥林匹亚的主神,为表示崇拜而兴建的宙斯神像是当世最大的室内雕像。宙斯神像所在的宙斯神殿则是奥林匹克运动会的发源地。

　　古希腊神话中,宙斯是最高的神,罗马神话中称其为朱庇特,为克洛诺斯与雷亚所生的最小儿子。克洛诺斯通过推翻他的父亲乌拉诺斯获得了最高权力,他得知他会和自己的父亲一样被自己的孩子推翻,于是他把他的孩子们吞进肚子里。他的妻子雷亚因不忍心宙斯也被吞进肚子,于是拿了块石头假装宙斯给他吞下。宙斯长大后,联合兄弟姐妹一起对抗父亲,他们展开了激烈的斗争。经过十年战争,在祖母大地女神盖亚的帮助下战胜了父亲。宙斯和他的兄弟波塞冬和哈迪斯分管天界、海界、冥界。从此宙斯成为掌管宇宙的统治者。木星的拉丁名就起源于他。

　　宙斯神殿是古希腊的宗教中心。神殿位于希腊雅典卫城东南面,伊里索斯河畔一处广阔平地的正中央,为古希腊众神之神宙斯掌管的地区。目前这个地方是一片黄澄澄的丘陵,但是在古希腊时期,四周环绕翠谷和清冽的溪水,景境幽雅,不远处有一座密林,绿意浓郁,林中小径两旁更是花木扶疏,争奇斗艳,美不胜收,是当时的宗教中心。在古希腊时代,神殿位于雅典城墙外,到了哈德连帝时代为了扩大雅典城的规模,将城墙往外扩展,

□宙斯神像

才把神殿纳入城内。

宙斯神殿本身采用多利克式建筑。表面铺上灰泥的石灰岩，殿顶则用大理石兴建而成，神殿共由34根高约17米的科林斯式石柱支撑着。庙前庙后的石像都是用派洛斯岛的大理石雕成的。庙内西边人字形檐饰上的很多雕像，是十足的雅典风格。至于神殿主角宙斯，采用了所谓"克里斯里凡亭"技术，在木质支架外加象牙雕成的肌肉和金制的衣饰。宝座也是木底包金，嵌着乌木、宝石和玻璃，历时八年之久才完成。

宙斯神像主体为木制，身体裸露在外的部分贴上象牙，衣服则覆以黄金。头顶戴着橄榄枝编织的皇冠，右手握着象牙及黄金制成的胜利女神像，左手则拿着一把镶有各种金属打造的权杖，杖顶停留着一只鹫。至于宙斯的宝座，神像头上与头后，雕着"雅典三女神"和"季节三女神"(春、夏、冬)雕像；腿和脚饰有舞动中的胜利女神与人头狮身史芬克斯。神像身后挂着由耶路撒冷神庙劫掠得来的神圣布幔。菲迪亚斯更精密地规划四周变化，包括由神庙大门射向雕像的光线,为了令神像的脸容更为美丽光亮,于神像前建造了一座极大而浅,里面镶了黑色大理石的橄榄油池,利用橄榄油将光线反射。神殿于公元5年被大火摧毁,虽然宙斯神像因被运到君士坦丁堡而幸免于难,可是神像最终也难逃厄运,于公元462年被大火烧毁。

虽然宙斯神像已消失于世上,但它却以另一方式至今犹存,伟大的宙斯脸孔变成了东正教的全能基督像。在伊斯坦堡科拉的圣方济各小教堂内,顶端宝座上坐着的就是化身为基督的奥林匹亚宙斯神。

📖 **知识链接**

宙 斯

宙斯是希腊众神之神,是奥林匹亚的主神,为表崇拜而兴建的宙斯神像是当世最大的室内雕像,宙斯神像所在的宙斯神殿则是奥林匹克运动会的发源地。拜占庭的菲罗撰写记述世界七大奇迹时说:"我们以其他六大奇迹为荣,而敬畏宙斯神像。"

希腊国宝帕特农神庙

科普档案 ●**建筑名称:**帕特农神庙 ●**建造时间:**公元前447~前441年 ●**位置:**希腊雅典卫城古城堡中心

帕特农神庙，雅典卫城主体建筑，为了歌颂雅典战胜波斯侵略者的胜利而建。帕特农神庙是供奉雅典娜女神的最大神殿，帕特农原意为贞女，是雅典娜的别名。

帕特农神庙,雅典卫城主体建筑,为了歌颂雅典战胜波斯侵略者的胜利而建。设计这座神庙的建筑师为伊克梯诺和卡里克利特。

帕特农神庙是供奉雅典娜女神的最大神殿,帕特农原意为贞女,是雅典娜的别名。此庙不仅规模最宏伟,坐落在卫城中央最高处,庙内还存放一尊黄金象牙镶嵌的全希腊最高大的雅典娜女神像。神庙从公元前447年开始兴建,9年后大庙封顶,又用了6年的时间,各项雕刻也告完成,1687年毁于战争,今仅存残迹。

帕特农神庙的设计代表了全希腊建筑艺术的最高水平。从外貌看,它器宇非凡,光彩照人,细部加工也精细无比。它在继承传统的基础上又做了许多创新,事无巨细皆精益求精,由此成为古代建筑最伟大的典范之作。神庙背西朝东,耸立于3层台阶上,玉阶巨柱,画栋镂檐,遍饰浮雕,蔚为壮观。整个庙宇由凿有凹槽的46根大理石柱环绕。潘太里科大理石色白,相对帕罗斯岛上的优质大理石来说略显粗糙,所以这里的帕罗斯大理石仅供雕塑使用,光滑和无瑕的质地使它显得尤为珍贵。柱间用大理石砌成的92堵殿墙上,雕刻着栩栩如生的各种神像和珍禽异兽。神庙有两个主殿:祭殿和女神殿,从神庙前门可进祭殿,从后门可入女神殿。在东边的人字墙上的一组浮雕,镌刻着智慧女神雅典娜从万神之王宙斯头里诞生的生动图案;在西边的人字墙上雕绘着雅典娜与海神波塞冬争当雅典守护神的场面。

帕特农神庙的内部，既遵循多利克式的惯例，安排得很简单，又主题突出，庄重宏伟。与一般神庙相同，殿堂均分为前后两间，前厅安置神像，后库存放祭品和财物。帕特

□帕特农神庙

农神庙的前厅安置着菲迪亚斯制作的黄金象牙雕的雅典娜巨像，高达12米。为配合这尊巨像，前厅用两层多利克的柱列围绕巨像的左右和后方。上承屋顶，旁开空廊，更衬托出巨像的高大，而它们的檐部也大大简化，只有额枋而没有三陇板和间板。神像前方直到大门为一片空白，不置任何杂物，却在靠近巨像基座处挖出一个长方形水池，利用池中之水反射从大门而来的阳光，使金光闪烁的巨像更显富丽堂皇。和前厅隔开的后库则是真正的宝库，用来存放雅典海上同盟各邦交纳的贡金。廊前列雕花铁栅，库房用4根柱子支撑，不过柱子是爱奥尼亚式而非前厅所用的多利克式。这一方面适应了同盟各邦主要属于爱奥尼亚地区的情况，同时也反映了神庙设计思想的一大特点，即按伯里克利所宣扬的"雅典是全希腊的学校"的思想，把两种柱身融于一身。

帕特农神庙浮雕的精美和丰富毫不亚于其雕像。那条长达160米的浮雕带一气呵成，气韵生动，人物动作完美，历来被认为是希腊浮雕的杰作。它以表现雅典娜节大游行庆祝活动为主题，第一次把普通公民的形象堂而皇之地列于庙堂之上。

这种每隔4年举行一次的大游行从雅典西边的狄甫隆城区开始，然后经过陶区，穿过市场，最后登上卫城。游行的核心内容就是把雅典少年精心

编织的一件新袍献给雅典娜。艺术家用 160 米长的浮雕来表现从游行开始到献袍的全过程。起点在庙西南角上,表现公民群众准备跨鞍上马,然后在长长的南墙和北墙上表现公民游行队伍,其中以骑在马上的青年公民为主。在南北两墙东端转角处,游行队伍开始接近神庙入口,意味着人们已经到达了终点——神圣的卫城,浮雕的内容也由欢呼雀跃而转变为庄重肃静,迈着轻缓步伐的少年们逐渐走向卫城中心。浮雕的终点直接位于神庙的大门,此处特别安排了坐在椅子上观看游行的诸位天神,意味着众神都应邀前来与雅典人同庆佳节。

帕特农神庙是希腊全盛时期建筑与雕刻的主要代表,有"希腊国宝"之称,也是人类艺术宝库中一颗璀璨的明珠。5 世纪中叶,神庙被改为基督教堂,雅典娜神像被移去。1458 年土耳其人占领雅典后将神庙改为清真寺。1687 年威尼斯人与土耳其人作战时,炮火击中了神庙内的一个火药库,炸毁了神庙的中部。1801~1803 年,英国贵族埃尔金勋爵将大部分残留的雕刻运走,损失最为严重。许多原属神庙的古物,现在散落在不列颠博物馆、卢浮宫、哥本哈根等地。19 世纪下半叶,曾对神庙进行过部分修复,但已无法恢复原貌,现仅留有一座石柱林立的外壳。

📚 知识链接

帕特农神庙

帕特农神庙的设计代表了全希腊建筑艺术的最高水平。从外貌看,它器宇非凡,光彩照人,细部加工也精细无比。它在继承传统的基础上又做了许多创新,事无巨细皆精益求精,由此成为古代建筑最伟大的典范之作。

山顶的婆罗浮屠

科普档案 ●建筑名称:婆罗浮屠 ●建造时间:公元8世纪后半期 ●位置:印尼爪哇岛马吉冷婆罗浮屠村

婆罗浮屠,是世界最大的古老佛塔。"婆罗浮屠"在古梵文中的意思是"山丘上的佛塔",约建于公元8世纪后半期,相传是10万奴隶用15年时间建成的,目的是供奉释迦牟尼的舍利子。

婆罗浮屠,是一座位于印度尼西亚中爪哇省的一座大乘佛教佛塔遗迹,距离日惹市西北40千米,是9世纪最大的佛教建筑物。

婆罗浮屠,大约兴建于公元842年间,由当时统治爪哇岛的夏连特拉王朝统治者建造。后来因为火山爆发,使佛塔下沉,并隐藏于茂密的热带丛林中近千年,直到19世纪初才被清理出来。

婆罗浮屠,构图精美,气势磅礴。它呈金字塔形,可抬级而上。塔共有9层,在外形上是如阶梯状的锥体。上面3层为圆形;下面6层似方形:包括一个正方形的塔基和5层带边的墙的平台组成,并装饰着数以千计的反映佛陀生活的雕刻。圆形平台上面竖立着72座钟形佛塔或佛龛,每座佛塔内都罩着一个环绕着中央大塔而建立的佛像,各层平台向上依次收缩,在顶部有一座钟形主佛塔,直径9.9米,高7米。佛教徒必须按特定的路线登婆罗浮屠,从东面进入,按顺时针方向绕行。走向塔顶象征着一个人逐步达到完美的精神境界。

婆罗浮屠的每层下部有可供人行走的围廊,第1~5层回廊的左右壁面上还保存着《佛传》《本生事》《华严五十三参之图》等佛家精品。另外还有雕刻精美的浮雕共约2100多面。除第一层着重描述佛的历史,其余各层都是对佛生前事迹的记述。婆罗浮屠的浮雕中,最著名的是表现释迦牟尼传记的浮雕,前几面描绘的是释迦牟尼在天神的帮助下,做即将降临凡世的准

□婆罗浮屠

备，及释迦牟尼的母亲梦见一个男子将要诞生，这个男子或者成为世界征服者，或者成为人类的伟大领袖。浮屠上还有1212面装饰性的浮雕，内容表现当时爪哇宫廷生活及人民生产、生活、风俗等。此外，还辅之以许多栩栩如生的大象、孔雀、狮子以及当时人民生活的图案。

婆罗浮屠是作为一整座大佛塔建造的，从上往下看它就像佛教金刚乘中的一座曼荼罗，同时代表着佛教的大千世界和心灵深处。塔基是一个正方形，边长大约118米。这座塔共9层，下面的6层是正方形，上面3层是圆形。顶层的中心是一座圆形佛塔，被72座钟形舍利塔团团包围。每座舍利塔装饰着许多孔，里面端坐着佛陀的雕像。一条狭长走廊的墙上装饰着浮雕。佛塔的建筑材料是取自附近河流的约5.5万立方米石料。这些石料被切成合适的大小，由人工运至建筑地点。石块之间用榫卯连接。建筑完工之后工匠们在石块上刻下浮雕。佛塔建有良好的排水系统，以适应当地的暴雨。为防积水，每个角上都有装饰着滴水嘴兽的排水孔，整座佛塔共有100个这样的排水孔。

婆罗浮屠和其他同类的建筑有很大的差异。它被建于一座山上，而不是平地。不过建筑工艺和爪哇的其他庙宇相似。由于它的实心结构类似金字塔的造型，人们起初认为婆罗浮屠是一座舍利塔，而不是庙宇。舍利塔的目的是供奉佛陀，有时也仅仅是一种虔诚的标志。而庙宇则是在房屋中供奉佛陀，并且供信徒参观朝拜。然而从婆罗浮屠的精心设计和建造来看，它事实上是一座庙宇。婆罗浮屠的台阶和走廊引导信徒们拾级而上，直至顶层。婆罗浮屠的每一层都代表着修炼的一个境界。信徒们的朝拜路线装饰着象征佛教大千世界的各种图案。

    婆罗浮屠的432座佛像，面均向外安放。佛像与成人身躯一样大，盘腿而坐。东、南、西、北不同的方向有不同的姿态和含义。面向东的佛像是左手置于膝上、右手指地的降魔印姿态，表示降魔得悟。面向南的佛像呈手臂下垂、手掌向外的施愿印姿态，意思是如愿。面向西的佛像呈两臂下垂、两手叠放的禅定印姿态，表示冥想。面向北的佛像呈左臂上举、右手掌向外的无畏印姿态，表示克服一切恐惧。

    素有印度尼西亚金字塔之称的婆罗浮屠又称"千佛坛"，高大的佛塔和神坛是寺院中最为引人注目的建筑。这个大乘佛教艺术古建筑，同中国长城、埃及金字塔、柬埔寨吴哥窟齐名，对研究印尼历史、文化和艺术具有重要价值。

🔖 **知识链接**

婆罗浮屠

    婆罗浮屠是作为一整座大佛塔建造的，从上往下看它就像佛教金刚乘中的一座曼荼罗，同时代表着佛教的大千世界和心灵深处。婆罗浮屠并非纯粹的佛教建筑，它同样带有印度教的色彩。

東埔寨的标志吴哥窟

科普档案 ●建筑名称:吴哥窟　●建造时间:12世纪中叶　●位置:東埔寨西北

吴哥窟，又称吴哥寺，意思为"毗湿奴的神殿"，中国古籍称为"桑香佛舍"。吴哥窟是吴哥古迹中保存得最完好的庙宇，以建筑宏伟与浮雕细致闻名于世，也是世界上最大的庙宇。

吴哥窟，位于東埔寨西北方，占地195万平方米，其中的山形庙中心塔高65米，是世界七大奇迹之一。12世纪时的吴哥王朝国王苏耶跋摩二世，希望在平地兴建一座规模宏伟的石窟寺庙，作为吴哥王朝的国都和国寺。因此举全国之力，并花了大约35年的时间才完成建造。

吴哥窟是高棉古典建筑艺术的高峰，它结合了高棉寺庙建筑学的两个基本的布局:祭坛和回廊。祭坛由三层长方形有回廊环绕须弥台组成，一层比一层高，象征印度神话中位于世界中心的须弥山。在祭坛顶部矗立着按五点梅花式排列的五座宝塔，象征须弥山的五座山峰。寺庙外围环绕一道护城河，象征环绕须弥山的咸海。

吴哥窟的整体布局，从空中可以一目了然:一道明亮如镜的长方形护城河，围绕一个长方形的满是郁郁葱葱树木的绿洲，绿洲有一道寺庙围墙环绕。绿洲正中的建筑乃是吴哥窟寺的印度教式的须弥山金字坛。吴哥窟寺坐东朝西。一道由正西往正东的长堤，横穿护城河，直通寺庙围墙西大门。过西大门，有一条较长的道路，穿过翠绿的草地，直达寺庙的西大门。在金字塔式的寺庙的最高层，矗立着五座宝塔，如骰子中五点梅花，其中四个宝塔较小，排四隅，一个大宝塔巍然矗立正中，与印度金刚宝座式塔布局相似，但五塔的间距宽阔，宝塔与宝塔之间连接游廊，此外，须弥山金刚坛的每一层都有回廊环绕，乃是吴哥窟建筑的特色。

吴哥窟基本上是垒石建筑。古时柬埔寨只有祭祀建筑用石建造，王宫则是木结构，镶嵌金窗，宫殿顶部覆以铅瓦和土瓦。民居则是覆盖茅草的竹编的房屋；宫殿和民居现已无存。吴哥窟的垒石方式主要是长方石块层层堆垒，

□吴哥窟

偶有工字形咬合，绝大多数场合不用黏合剂。吴哥窟使用木材的地方很少，在游廊顶有时铺设木质天花板。高棉的建筑师在 12 世纪已比以前更加熟练而自信地运用砂岩代替砖或红土作为主要的建筑材料。吴哥窟的大部分建材是砂岩方砖，红土则用于外墙和隐蔽的结构。

柬埔寨的砂岩主要分两种，一种是粉红色的砂岩，质地坚硬，另一种是灰色砂岩，质地柔软，容易风化剥落，也容易被植物根分裂。这种灰砂岩的表面难保持光滑平整，雕刻的轮廓容易因岁月而模糊不清。吴哥窟的砂岩砖以灰砂岩砖为主。在离吴哥窟 40 千米的荔枝山找到古代采石场地遗迹，古时依靠水力、人力和大象将石料运送到吴哥窟工地。吴哥窟建筑物的石块上，常见有直径为几厘米的圆孔，可能是古时建筑工人搭棚架运送砂岩石块用的，完工后这些圆孔被石栓或石灰封闭。

吴哥窟中常用的另一种建材是红土石。红土石是岩石经过热带炎热气候长时间风化，以致岩石中的可溶性矿物质流失，残留不溶于水的氧化铁和石英等矿物质而形成的多孔红棕色岩石。中南半岛的地表含丰富的红土石，容易从地层中开采。开采出来的红土石可切割成砖状，置空气中逐渐硬化。在吴哥窟中，红土石常用做台基的护墙，或用于铺地、造堤和围墙。

吴哥窟布局十分匀称，富有节奏。吴哥窟建筑群有两种形式的对称，镜

像对称和旋转对称。从护城河、外郭围墙到中心建筑群,以横贯东西方向的中轴线为中心,呈现准确的镜像对称:广场大道中轴线上南北两个藏经阁、两个水池,对称地分布在两边。从广场大道能望见吴哥寺正中一高塔,两座较小的塔在左右对称地陪衬着,构成一个山字形。寺庙顶层的五子梅花塔群,除了中轴对称之外,有更严谨的两种旋转对称:从东、西、南、北四方,呈现相同的山字形构图,呈90度旋转对称。还有第二组90度旋转对称:从西北、西南、东南、东北、四个对角方向看,也是一样的山字形构图。五座宝塔也只有如此安排,才有最大限度的对称效果,四面八方地重复展示同一造型主题。

吴哥窟是东南亚主要的考古学遗址之一,包括林地、吴哥窟遗址公园。1992年,联合国将吴哥古迹列入世界文化遗产,此后吴哥窟成为柬埔寨的旅游胜地。100多年来,世界各国投入大量资金在吴哥窟的维护工程上,以保护这份世界文化遗产。吴哥窟的造型,已经成为柬埔寨国家的标志,展现在柬埔寨的国旗上。

📖 知识链接

吴哥建筑

在12世纪时,吴哥建筑达到了艺术上的高潮。当时建造的吴哥窟,所有的墙壁全都刻有精美的浮雕,每个平台的周围都有面向四方的长廊,连接着神殿、角塔和阶梯,即使长廊的墙上也全都刻有描述古代印度神话故事的浮雕。吴哥窟不仅本身规模宏大无比,庙宇的外面还有一条将近10米宽的堤路,直通庙宇的大门,堤路的两边也都竖立着巨大威严的那伽蛇神像。

缅甸的骄傲仰光大金塔

科普档案 ●建筑名称:仰光大金塔　　●始建时间:585 年　　●位置:缅甸仰光窣堵坡

仰光大金塔是缅甸最神圣的佛塔，因为它供奉了四位佛陀的遗物，包括是拘留孙佛的杖，正等觉金寂佛的净水器，迦叶佛的袍及佛祖释迦牟尼的八根头发。

仰光大金塔是一座位于缅甸仰光的佛塔,其高度为 98 米,表面铺上了一层金,再加上它位于皇家园林西的圣山之上,所以这座塔也就在仰光市天际线中独占鳌头了。它是缅甸最神圣的佛塔,因为它供奉了四位佛陀的遗物,包括拘留孙佛的杖,正等觉金寂佛的净水器,迦叶佛的袍及佛祖释迦牟尼的八根头发。

金碧辉煌的缅甸仰光大金塔,与印度尼西亚的婆罗浮屠和柬埔寨的吴哥窟一起被称为东方艺术的瑰宝,是驰名世界的佛塔,也是缅甸国家的象征。缅甸人称大金塔为"瑞大光塔","瑞"在缅语中是"金"的意思,"大光"是仰光的古称,缅甸人把大金塔视为自己的骄傲。

仰光大金塔有四个入口,皆有石狮把守,而在入口后则有一连串的梯级直达山上的平台。在东及南面的入口有售卖金箔、香烛、鲜花等祭祀用品及幸运符、佛像、书籍、伞之类纪念品的摊档;而在南大门两旁则有一对狮身人面像把守。在一连串梯级上面,则有第二位佛陀正等觉金寂佛的像。塔底由砖块砌成,并覆上金块。在塔底之上则为寺庙的梯台,是寺庙核心部分的开始,故只有僧侣及男性才能进入。在更上的地方,就是其钟形的部分,在其上面则是经幡及倒转的钵,再接着的是莲花瓣及蕉的花蕾。而最上面的金伞有 5448 粒钻石及 2317 粒红宝石。在塔的尖端,则有一颗重 76 克拉的巨钻。而在塔的周围则悬挂着 1065 个金铃和 420 个银铃。塔身所铺的金

□仰光大金塔

是由真正的金块制成的,把塔的砖石结构覆盖。而金则是由缅甸上下各阶层的人捐赠出来的。这一传统自 15 世纪孟族女皇开始流传至今。塔内的壁龛里则供奉着玉石佛像。

仰光大金塔始建于 585 年,初建时只有 20 米高,后历代多次修缮。15世纪的德彬瑞蒂王曾用相当于他和王后体重 4 倍的金子和大量宝石,对此塔做了一次修整。现在塔的高度是 112 米,是 1774 年阿瑙帕雅王的儿子辛漂信王修建的。本次修建时,在塔顶安装了新的金伞。

仰光大金塔底座周长 427 米,塔顶有做工精细的金属罩檐,檐上挂有金铃 1065 个,银铃 420 个,并镶嵌有 7000 颗各种罕见的红、蓝宝石钻球,其中有一块重 76 克拉的著名金刚钻。塔身经过多次贴金,上面的黄金已有7000 公斤重。大金塔四周有 68 座小塔,这些小塔用木料或石料建成,有的似钟,有的像船,形态各异,每座小塔的壁龛里都存放着玉石雕刻的佛像。大金塔左方的福惠寺,是一座中国式建筑的庙宇,为清朝光绪年间当地华侨捐资建造,成为大金塔地区古老建筑群体的重要组成部分。

　　仰光大金塔的东北角和西北角,各有一口古钟,一口重约 40 吨,一口重约 16 吨。古钟色彩斑斓,是 1741 年和 1778 年由两个在位缅王捐建的。缅甸人视西北角的古钟为吉祥、幸福的象征,认为连击三下,就会心想事成,如愿以偿。

　　仰光大金塔的东南角,有一棵菩提古树,相传是从印度释迦牟尼金刚宝座的圣树圃中移植而来的。塔的左方有一座清光绪年间由华侨捐款建造的名为"福惠宫"的中国庙宇,塔的南侧还有一个专门陈列佛教信徒和香客们捐赠物品的陈列馆。

　　1989 年 9 月,缅甸政府对大金塔又进行了一次大规模的修缮,拓宽了 4 条走廊式的入口通道,在塔的四面安装了有玻璃窗的电梯,使大金塔更加宏伟壮观和富丽堂皇。因为此塔建在仰光市北茵雅湖畔的圣山上,所以不管人们站在市内的哪一个位置,都能看见金光灿灿的塔顶。如果站在塔顶上,仰光市全貌可一览无余。

📖 知识链接

仰光大金塔

　　气势宏伟、建筑精湛的仰光大金塔,不仅是世界建筑艺术的杰作,也是世界上历史最悠久、价值最昂贵的佛塔。每逢节日,很多人都到这里拜佛,人们进入佛塔时必须赤脚而行,就连国家元首也不例外,否则就会被视为对佛的最大不敬。

美国政治家的舞台白宫

科普档案 ●建筑名称：白宫　●始建时间：1792年　●位置：美国华盛顿市区中心

> 1812年英美发生战争，英国军队占领了华盛顿城后，放火烧了包括美国国会大厦和总统府之类的建筑物。为了掩盖被大火烧过的痕迹，1814年总统住宅棕红色的石头墙被涂上了白色。从那以后，人们就把它称为"白宫"。

白宫是美国总统和政府办公的场所。1812年英国和美国发生战争，英国军队占领了华盛顿城后，放火烧了包括美国国会大厦和总统府之类的建筑物。过后，为了掩盖被大火烧过的痕迹，总统住宅被涂上了白色。从那以后，人们就把它称为"白宫"。

白宫，位于华盛顿市区中心宾夕法尼亚大街1600号，北接拉斐特广场，南邻爱丽普斯公园，与高耸的华盛顿纪念碑相望，是一座白色的二层楼房。

白宫从前并不是白色的，也不称白宫，而被称作"总统大厦""总统之宫"。1792年始建时是一栋灰色的沙石建筑。从1800年起，它是美国总统在任期内办公并和家人居住的地方。但是在1812年发生的第二次美英战争中，英国军队入侵华盛顿。1814年8月24日英军焚毁了这座建筑物，只留下了一副空架子。1817年重新修复时为了掩饰火烧过的痕迹，门罗总统下令在灰色沙石上漆上了一层白色的油漆。此后这栋总统官邸就一直被称为"白宫"了。1901年美国总统西奥多·罗斯福正式把它命名为"白宫"，后成为美国政府的代名词。

白宫共占地7.3万多平方米，由主楼和东、西两翼三部分组成。主楼宽51.51米，进深25.75米，共有底层、一楼和二楼3层。底层有外交接待大厅、图书室、地图室、瓷器室、金银器室和白宫管理人员办公室等。从正门进入的楼层共有 5 个主要房间，由西至东依序是：国宴室、红室、蓝室、绿室和东室。东室是白宫最大的一个房间，可容纳 300 位宾客，主要用做大型招待会、舞会和各种纪念性仪式的庆典。

东厢前花园是贾桂琳花园，贾桂琳是对白宫

□白宫

最有贡献的第一夫人了。她为了将白宫变成一座极有价值的博物馆，开始系统地收集白宫历史和文物，四处搜寻古董真迹。在白宫历史学会成立后，她请来史密松宁博物馆的专家将白宫所有收藏重新审视整理编目，赋予了白宫历史的内涵。现在许多房间里陈设的精致古董，大半是门罗总统时期的收藏，尤其是蓝室充满法国皇家气派：室内以蓝色为主，饰以金边花纹的墙壁，衬托出蓝室豪华的风格。克利夫兰总统的婚礼就是在蓝室举行的，每年白宫圣诞树也固定在这里闪耀。蓝室之下是外交使节接待室，是专供各国大使呈递到任国书之处。

蓝室的阳台面对南院草坪，是总统与贵宾经常向民众挥手露面的地方。南草坪上许多树木也是总统或夫人亲手种植的，这可能是名垂青史的一种方法吧。当年杰斐逊为纪念亡妻而种的一棵木兰树，如今已长成枝叶茂盛的百年老树，它和这个国家一起成长苗壮。南草坪位于整栋大楼中央位置，与上下楼层共三个房间同属椭圆形。蓝室之上的椭圆房间，曾经是总统办公室，还做过内阁室和签约室，现在则属于家庭楼层不对外开放。

红室是第一夫人们最喜爱的房间，红室布置成 1830 年早期形式，摆设在大理石壁炉上的一座 18 世纪法制音乐钟，是法国总统在 1952 年赠送的。从桃莉的时代起，每周三晚在这里举办盛会。红室之旁的国宴室，摆放一张门罗时期的 4 米长桌，其上镂刻的精致纹饰是令人赞叹的杰作，是白宫的

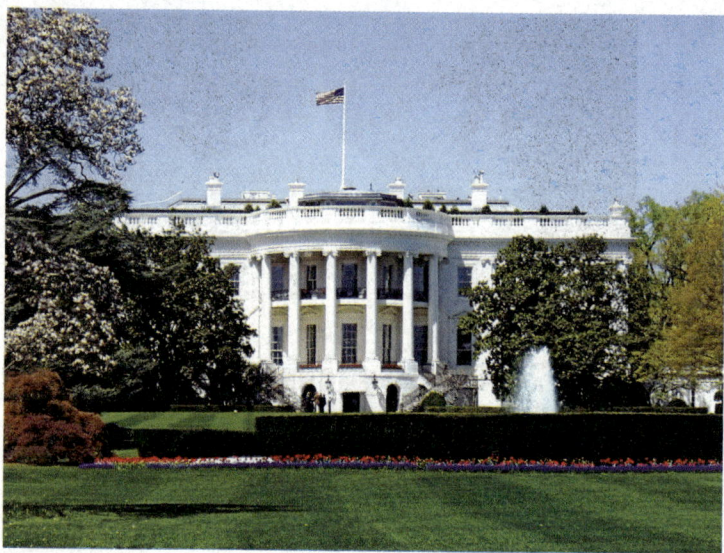
□总统花园

精品之一。国宴室可容纳130位宾客用餐,在大理石壁炉上方铭刻着第一位白宫主人亚当斯在1800年11月2日写给夫人信中的一段话:"我祈求上苍赐予最大福分给这所房屋和所有此后居住的人,但愿只有诚实和智慧的人住在此屋檐下。"

白宫二层,为总统全家居住的地方。主要有林肯卧室、皇后卧室、条约厅和总统夫人起居室、黄色椭圆形厅等。林肯卧室是林肯办公和召开内阁会议的地方,著名的《解放黑人宣言》即在此签字。以玫瑰色和白色为主调加以装饰的皇后卧室,曾接待过英国伊丽莎白女王、荷兰女王等贵宾。

白宫西翼由西奥多·罗斯福总统主持,于1902年建成;东翼由富兰克林·罗斯福总统主持,于1941年建成。其中最主要的厅室是西翼内侧的椭圆形总统办公室。它宽敞、明亮,地上铺着一块巨大的蓝色地毯,地毯正中织有美国总统的金徽图案:50颗星排列成圆形,环绕着一只鹰。办公室后部两侧分别竖立着美国国旗和总统旗帜。正面墙上是身着戎装威容凛然的华盛顿油画像,两边摆着两只雅致的中国古瓷花瓶。办公室左边墙架上陈设的外国贵宾赠送的礼物中,有中国1979年赠送的"马踏飞燕"仿古青铜器。总统的大办公桌上放置着这样一条座右铭:"这里要负最后责任。"

白宫的南面,是一个由粗大的乳白色石柱支撑的宽大门廊,正面4根,旁边各2根。门廊的正前方就是有名的南草坪。总统的直升机可在此起落。由于白宫是坐南朝北,因此南草坪就成了白宫的后院,通称为总统花园。园内,灌木如篱,绿树成荫,如垠草坪中有一水池,池中喷泉喷珠吐玉,高可数丈。池塘四周的花圃里，姹紫嫣红。南门前两侧8棵枝繁叶茂、生机勃勃的木兰树，已有150年树龄。国宾来访时，都要在南草坪举行正式欢迎仪式。每年春天的复活节时，总统和夫人都要在这里举行传统的游园会。

从海斯夫人开始，在各个房间悬挂总统及夫人画像成为白宫新旧主人的共同爱好。目前在蓝室挂有四位早期总统画像：亚当斯、杰斐逊、门罗和泰勒；国宴室则悬挂林肯画像；东室有华盛顿画像——这是喜爱社交的麦迪逊夫人多莉对白宫唯一的功绩。两百多年时光弹指流逝，只有华盛顿的画像屹立在这里，注视着由他一手创立的国家。

白宫现在供游人参观的部分主要是白宫的东翼，包括底层的外宾接待室、瓷器室、金银器室和图书室，一楼的宴会厅、红厅、蓝厅、绿厅和东大厅。它是世界上唯一定期向公众开放的国家元首的官邸。

📕**知识链接**

白　宫

200多年来，白宫一直是美国最高行政长官的官邸，也是美国所有家庭和住宅的代表。正因为如此，入住白宫的男主人都充满了责任感和使命感。正如富兰克林·罗斯福在一次讲话中提到的："我从未忘记，我住在一幢属于全体美国人的房子里，我受到他们的信任。"

英国白金汉宫

科普档案 ●建筑名称:白金汉宫　●始建时间:1703 年　●位置:英国伦敦威斯敏斯特城内

　　白金汉宫,是英国宏伟的建筑之一,建造在英国伦敦威斯敏斯特城内,位于圣詹姆士宫与维多利亚火车站之间,1703 年由白金汉公爵兴建,故称"白金汉宫"。

　　白金汉宫,英国的王宫,是英国宏伟的建筑之一。

　　白金汉宫,建造在英国伦敦威斯敏斯特城内,位于圣詹姆士宫与维多利亚火车站之间,1703 年由白金汉公爵兴建,故称"白金汉宫",最早称白金汉屋,意思是"他人的家"。

　　白金汉宫,是 19 世纪前期的豪华式建筑风格,庞大的规模甚至比华丽的外表更加引人注目。1726 年由乔治三世购得,一度曾做过帝国纪念堂、美术陈列馆、办公厅和藏金库,1825 年改建成王宫建筑。1837 年维多利亚女王继位起正式成为王宫,现仍是伊丽莎白女王的王室住地。女王召见首相、大臣,接待和宴请外宾及举行其他重要活动均在此。白金汉宫于 1931 年用石料装饰了外墙面,最近的一次外墙清洗使其重放异彩。

　　白金汉宫是一座四层正方体灰色建筑物,悬挂着王室徽章的庄严的正门,是英皇权力的中心地,四周围上栏杆。宫殿前面的广场有很多雕像,以及由爱德华七世扩建完成的维多利亚女王纪念堂,胜利女神金像站在高

□白金汉宫

高的大理石台上，金光闪闪，就好像要从天而降似的。维多利亚女王像上的金色天使，代表皇室希望能再创造维多利亚时代的光辉。宫内有典礼厅、音乐厅、宴会厅、画廊等六百余间厅室，此外占

□白金汉宫

地辽阔的御花园，花团锦簇、美不胜收。若皇宫正上方飘扬着英国国王旗帜时，则表示女王仍在宫中。如果没有的话，那就代表女王外出。如今女王的重要国事活动，如召见首相和大臣、接待和宴请来访的外国国家元首或政府首脑、接受外国使节递交国书等都在该宫举行。此外，来英进行国事访问的国家元首也在宫内下榻。王宫由身着礼服的皇家卫队守卫。目前白金汉宫的拥有者是伊丽莎白二世，她出生于 1926 年，是乔治三世的长女。

整个白金汉宫用铁栏杆围着，对着白金汉宫主建筑物的铁栏杆外，有一个广场，广场中央竖立着维多利亚镀金雕像纪念碑，它的四周有四组石雕群。王宫西侧为宫内正房，其中最大的有"皇室舞厅"，建于 1850 年，专为维多利亚女王修建。厅内悬挂有巨型水晶吊灯。蓝色客厅被视为宫内最雅致的房间，摆有为拿破仑一世制作的"指挥桌"。拿破仑失败后，法国路易十八将桌子赠送给当时英摄政王乔治四世。白色客厅是用白、金两色装饰而成的，室内有精致的家具和豪华的地毯，大多是英、法工匠的艺术品。御座室内挂有水晶吊灯，四周墙壁顶端绘有 15 世纪玫瑰战争的情景。正中的御座是当今女王 1953 年加冕时和王夫爱丁堡公爵使用的，室内还保存了维多利亚女王的加冕御座和英王乔治四世加冕时使用的四张大座椅。宫内音乐室的房顶呈圆形，用象牙和黄金装饰而成，维多利亚女王和王夫阿尔伯特亲王曾常在此举办音乐晚会。

伊丽莎白二世无疑是在此生活最久的女王。从其父王即位的 1936 年到她结婚的 1947 年,她一直同妹妹玛嘉烈公主住在方形楼的三层,即正门的右边。5 年后,她又以女王的身份回到这里,和她的丈夫及他们的 4 个儿女住在北翼的二层楼上,那是她父母从前住过的私人套房。女王的个人套房分两个部分:一部分是其日常工作区域,包括她的接见厅和办公室,这一房间最易从外边认出,因为只有那儿的窗户是圆拱形的。另一部分包括她的私人餐厅、卧室、浴室和藏衣室。这间藏衣室又通过一座内部楼梯与三层楼上的一处储藏室相连,那层楼上还有许多盥洗室。宫内的家具摆设相当简单,女王及其丈夫并不过分豪华,至少他们的日常生活是如此。家具没有包金,也不带著名红木家具商的印记,而是些很实用的家具。唯一可让人看出女王财力雄厚的痕迹是,其住处墙壁上悬挂的油画的笔触之高深,颇为惊人。这些画作不仅拥有欧洲绘画大师的署名,且经常从王室收藏的名画中轮换悬挂。

📖 **知识链接**

白金汉宫

白金汉宫是驰名世界的君王宫阙,无声地诉说着英吉利民族的由来、英格兰国家的起源、大不列颠王室的兴衰沉浮。作为英国王权的象征,白金汉宫主人的荣华辛酸以及那风格别致的宫殿,栩栩如生的镀金雕像群、花团锦簇的御花园、琳琅满目的女王艺廊、戎装皇家卫队的换岗位式,都令游人流连忘返。

俄罗斯克里姆林宫

科普档案 ●建筑名称:克里姆林宫 ●建造时间:1485~1495 年 ●位置:俄罗斯莫斯科市中心

克里姆林宫,是俄罗斯总统的官邸驻地,享有"世界第八奇景"的美誉。12 世纪上叶,多尔戈鲁基大公在波罗维茨低丘上修筑了一个木结构的城堡——克里姆林宫,莫斯科就是从这个城堡逐步发展起来的。

克里姆林宫,俄罗斯总统的官邸驻地,享有"世界第八奇景"的美誉。克里姆林宫曾是历代沙皇的宫殿、莫斯科最古老的建筑群。12 世纪上叶,多尔戈鲁基大公在波罗维茨低丘上修筑了一个木结构的城堡——克里姆林宫,莫斯科就是从这个城堡逐步发展起来的。

克里姆林宫,位于俄罗斯的莫斯科市中心,是俄罗斯的标志之一。克里姆林宫坐落在涅格林纳河和莫斯科河汇合处的波罗维茨丘陵上,南临莫斯科河,西北依亚历山德罗夫花园,东南界红场,始建于 1156 年,初为木墙,1367 年改为石墙。15 世纪的砖砌宫墙保留至今。中央教堂广场上建有 15~16 世纪圣母升天教堂、天使教堂、报喜教堂、伊凡大帝钟楼和多棱宫等。1788 年参议院大厦(今政府大厦)竣工。19 世纪 40 年代建成克里姆林宫大厦。宫墙四周有塔楼 20 座。在克里姆林宫周围是红场和教堂广场等一组规模宏大、设计精美巧妙的建筑群。此外,还有建于 18 世纪的枢密院大厦,以及建于 19 世纪的大克里姆林宫和兵器陈列馆等。每一座建筑都蕴涵着俄罗斯人民无与伦比的智慧,是世界建筑史上不可多得的杰作。宫内保存有俄国铸造艺术的杰作:重达 40 吨的"炮王"和 200 吨的"钟王"。克里姆林宫由此成为俄罗斯备受珍视的文化遗产。

克里姆林宫整体呈不等边三角形,面积 27.5 万平方米,始建于 1156 年,原为苏兹达里大公爵尤里·多尔哥鲁的庄园,有木造小城堡,称"捷吉涅茨"。1367年在城堡原址上修建白石墙,随后又在城墙周围建造塔楼。几经修缮扩建,20座塔楼参差错落地分布在三角形宫墙的三边。1935年在斯巴斯克塔、尼古拉塔、特罗伊茨克塔、波罗维茨塔和沃多夫塔等塔楼各装设大小不一的五角星,以红水晶石和金属框镶制而成,内置5千瓦功率照明灯,红光闪闪,昼夜遥遥可见。

大克里姆林宫是克里姆林宫的主体宫殿,坐落在克里姆林宫西南部,1839~1849年建造,为二层楼建筑,楼上有露台环绕。宫的正中是饰有各种花纹图案的阁楼,上有高出主建筑物的紫铜圆顶,并立有旗杆,节日时即升上国旗。第一层正面大厅全用大理石、孔雀石装饰,陈列有青铜制品、精致瓷器和19世纪的家具;第二层有格奥尔基耶夫大厅、弗拉基米尔大厅和叶卡捷琳娜大厅。苏联解体前,大厅主席台正中立着列宁塑像。大厅正面有18根圆柱,柱顶均塑有雕像。

克里姆林宫大礼堂处在呈三角形的克里姆林宫建筑群的中心位置,始建于1960年年初,1961年10月投入使用,总建筑面积60万平方米,是莫斯科乃至俄罗斯最壮观的大礼堂。这座白色乌拉尔大理石和玻璃结构的恢宏建筑,凝聚了现代建筑的特点和俄罗斯传统建筑风格。克里姆林宫大礼堂同时也是一座现代化的剧院。这里有6000个舒适的座席,座席以主席台为中心呈半圆形向外辐射。每个座席配有电子投票和同声传译系统。主席台即舞台面积为450平方米,灯光、音响、布景等设施一应俱全,还有能容纳一个交响乐团的乐池。环绕剧院的是明亮宽

□ 克里姆林宫

敞的休息大厅。大礼堂的最高一层是900平方米的宴会厅。大会堂整个建筑的1/3建在地下，主要是办公用房，整个建筑共有800间办公室。

克里姆林宫大礼堂是俄罗斯举行重要会议、节日庆典和颁奖授勋的地方，也是普通民众欣赏芭蕾舞、聆听音乐会和观看时装表演的场所。俄罗斯的表演团体在这里献艺，来自世界各地的著名艺术家也在这里演出。大礼堂还经常为普通观众和青少年举办普及性的芭蕾舞等演出。

□普京办公大楼

克里姆林宫内的教堂建筑也很有特色。宫内有一个教堂广场，广场四周围绕着四座教堂：十二使徒教堂、圣母升天教堂、天使报喜教堂及圣弥额尔教堂。但最美的教堂要数位于红场上的有"用石头描绘的童话"之称的圣瓦西里大教堂。它是伊凡四世时所建，由九座参差不齐的高塔组成，中间最高的方形塔高达17米。虽然这九座塔彼此的式样色彩均不相同，但却十分和谐。更难得的是，它与克里姆林宫的大小宫殿、教堂搭配出一种特别的情调，为整个克里姆林宫增色不少。

克里姆林宫不愧为一座大型博物馆和艺术的殿堂。宫中原有一个大武器库，1720年彼得大帝将其改建成博物馆。馆内收藏着许多珍贵文物，有历代沙皇用过的物品、美术工艺品以及掠夺而来的战利品。这里的皇冠、神像、十字架、盔甲、礼服和餐具无不镶满宝石，仅福音书封面就嵌有26千克黄金，以及无以计数的宝石；哥登诺大帝的金御座上则镶有两千颗宝石。信步宫中宛如目睹沙皇奢侈的生活。另外，四座教堂中收藏的文物珍宝也非同一般。教堂中满墙装饰着用黄金做框架的圣画像；圣母升天教堂内的圣画像则是出自希腊画家之手，价值连城；圣弥额尔教堂内有历代沙皇的灵柩，装饰得极为富丽堂皇。

一句俄罗斯谚语这样形容雄伟庄严的克里姆林宫："莫斯科大地上，唯见克里姆林宫高耸；克里姆林宫上，唯见遥遥苍穹。"克里姆林宫是俄罗斯世俗和宗教的文化遗产，它既是政治中心，又是公元14~17世纪俄罗斯东正教的活动中心。

这里过去是统治俄国的多代君王的皇宫，十月革命后是苏联最高权力机关和政府的所在地，今天又是俄罗斯的总统府。可以说，从公元13世纪起，克里姆林宫就与俄罗斯的所有重大政治事件有关，它见证了俄罗斯从一个莫斯科大公国发展至今日横跨欧亚大陆的强大国家的全部历史。

🔶 **知识链接**

克里姆林宫

克里姆林宫那高大坚固的围墙和钟楼、金顶的教堂、古老的楼阁和宫殿，耸立在莫斯科河畔的波罗维茨基山冈上，构成了一组无比美丽而雄伟的艺术建筑群。它已经被联合国教科文组织列为世界文化和自然保护遗产。克里姆林宫是俄罗斯国家的象征，是世界上最大的建筑群之一，是历史瑰宝、文化和艺术古迹的宝库。

宏大美丽的凡尔赛宫

科普档案 ●建筑名称：凡尔赛宫 ●始建时间：1660 年 ●位置：法国巴黎西南伊夫林省凡尔赛镇

> 凡尔赛宫，曾是法国的王宫，是欧洲最宏大、最豪华的皇宫，是人类艺术宝库中一颗绚丽灿烂的明珠。1979 年凡尔赛宫被列为《世界文化遗产名录》。

凡尔赛宫，位于法国巴黎西南郊外伊夫林省省会凡尔赛镇。凡尔赛宫和园林是 17 世纪专制王权的象征，也是法国古典主义艺术最杰出的典范。凡尔赛宫所在地区原来是一片森林和沼泽荒地。1624 年，法国国王路易十三在这里修建了一座二层的红砖楼房，用做狩猎行宫。当时的行宫拥有 26 个房间，二楼有国王办公室、寝室、接见室、藏衣室、随从人员卧室等房间，一层为家具储藏室和兵器库。1661 年，路易十四将这里改造成一座豪华的王宫。凡尔赛宫于 1689 年全部竣工，至今已有 300 多年的历史了。

凡尔赛宫占地面积 111 万平方米。宫殿气势磅礴，布局严密、协调。正宫东西走向，两端与南宫和北宫相衔接，形成对称的几何图案。宫顶建筑摒弃了巴洛克的圆顶和法国传统有尖顶建筑风格，采用了平顶形式，显得端正而雄浑。宫殿外壁上端，林立着大理石人物雕像，造型优美，栩栩如生。

凡尔赛宫的外观宏伟、壮观，内部陈设和装潢更富于艺术魅力。500 多间大殿小厅处处金碧辉煌，豪华非凡。内壁装饰以雕刻、巨幅油画及挂毯为主，配有十七八世纪造型超绝、工艺精湛的家具。宫内还陈放着来自世界各地的珍贵艺术品，其中有远涉重洋而来的中国古代的精致瓷器。

正宫前面是一座风格独特的法兰西式大花园。近处是两池碧波，沿池而塑的铜雕多姿多态，美不胜收。园林作几何式布局，中轴线长达 3 千米。

□凡尔赛宫

靠近宫殿的是图案式花园,它的西边是小林园,再往西是大林园。轴线在小林园中的一段叫"王家大道"(今名"绿毯"),主题是歌颂"太阳王"路易十四。大林园以十字形水渠为骨干,横向水渠的北端有国王的别宫大小特里阿农。小特里阿农的花园曾是中国式的,后经改造,但还存有自由布局和叠石假山等遗迹。

1789年路易十六当权时,凡尔赛宫的富丽堂皇、奢侈豪华,达到登峰造极、无以复加的地步。终于引起人民的愤慨,大革命期间,凡尔赛宫几乎被荒废。直至1837年,路易·菲利普才重新修理,把它改为法兰西历史博物馆,展出美术、雕刻等许多艺术品。

凡尔赛宫主要由建筑师勒沃和芒萨尔先后设计,室内装修由勒布伦负责。18世纪时,建筑师加布里埃尔增建了教堂、剧场和其他一些部分。园林的设计人是勒诺特尔。宫殿的建筑风格基本是古典主义的,但在室内装修上有许多巴洛克的因素。17世纪下半叶和18世纪上半叶,法国最优秀的绘画、雕塑和工艺品都集中在凡尔赛宫和它的园林里。所以凡尔赛代表着当时法国美术和工程技术的最高成就。1837年,它成了博物馆,向公众开放。

凡尔赛宫始终是法国封建统治历史时期的一座华丽的纪念碑。凡尔赛宫不仅是法兰西宫廷,而且是国家的行政中心,也是当时法国社会政治观点、生活方式的具体体现。凡尔赛宫代表了欧洲自古罗马帝国之后所能够集中的巨大的人力、物力、财力及专制政体力量。当时,路易十四为了建造它，共动用了 3 万余名工人和建筑师、工程师、技师，除了要解决建造大规模建筑群所产生的复杂技术问题外，还要解决引水、道路等各方面的问题。可见，凡尔赛宫的成功，有力地证明了当时法国经济和技术的进步以及劳动人民的智慧。

今日的凡尔赛宫已是举世闻名的游览胜地，各国游人络绎不绝，参观人数每年达 200 多万。南北宫和正宫底层处已改为博物馆，收藏着大量珍贵的肖像画、雕塑、巨幅历史画以及其他艺术珍品。凡尔赛宫除供参观游览之外，法国总统和其他领导人也常在此会见或宴请各国国家首脑和外交使节。

凡尔赛宫宫殿为古典主义风格建筑，立面为标准的古典主义三段式处理，即将立面划分为纵、横三段，建筑左右对称，造型轮廓整齐、庄重雄伟，被称为理性美的代表。其内部装潢则以巴洛克风格为主，少数厅堂为洛可可风格。

凡尔赛宫的建筑风格引起俄国、奥地利等国君主的羡慕仿效。彼得一世在圣彼得堡郊外修建的夏宫、玛丽亚·特蕾西亚在维也纳修建的美泉宫、腓特烈二世和腓特烈·威廉二世在波茨坦修建的无忧宫，以及巴伐利亚国王路德维希二世修建的海伦希姆湖宫都仿照了凡尔赛宫的宫殿和花园。

📚 知识链接

凡尔赛宫

凡尔赛宫是法国古典主义的宫殿及园林的代表作。它宏伟壮丽的外观和严格规则化的园林设计是法国封建专制统治鼎盛时期在文化上的古典主义思想所产生的结果。几百年来欧洲皇家园林几乎都遵循了它的设计思想。

举世闻名的卢浮宫

科普档案 ●建筑名称:卢浮宫 ●始建时间:1204年 ●位置:法国巴黎市中心的塞纳河北岸

卢浮宫,是世界上最古老、最大、最著名的博物馆之一,同时也是法国历史上最悠久的王宫。卢浮宫位于法国巴黎市中心的塞纳河北岸,始建于1204年,历经700多年扩建、重修达到了今天的规模。

卢浮宫,是世界上最古老、最大、最著名的博物馆之一,同时,卢浮宫也是法国历史上最悠久的王宫。

卢浮宫,位于法国巴黎市中心的塞纳河北岸,始建于1204年,历经700多年扩建、重修达到了今天的规模。卢浮宫占地面积约为45万平方米,建筑物占地面积为4.8万平方米,全长680米。卢浮宫的整体建筑呈"U"形,分为新、老两部分,老的建于路易十四时期,新的建于拿破仑时代。宫前的金字塔形玻璃入口,是华人建筑大师贝聿铭设计的。

卢浮宫始建于12世纪末,由法王腓力二世下令修建,最初是用做防御的城堡,边长约90米,四周有城壕,其面积大致相当于今卢浮宫最东端院落的1/4。当时的卢浮宫并不是法国国王的居所,而是用来存放王室的财宝和武器的。

14世纪,法王查理五世觉得卢浮宫比位于塞纳河当中城岛的王宫更适合居住,于是搬迁至此。在他之后的法国国王再度搬出卢浮宫,直至1546年,弗朗索瓦一世才成为居住在卢浮宫的第二位国王。弗朗索瓦一世命令建筑师皮埃尔·勒柯按照文艺复兴风格对其加以改建,于1546~1559年修建了今日卢浮宫建筑群最东端的卡利庭院。扩建工程一直持续到亨利二世登基。亨利二世去世后,王太后卡特琳·德·美第奇集中力量修建杜伊勒里宫及杜伊勒里花园,对卢浮宫的扩建工作再度停止。

波旁王朝开始后，亨利四世和路易十三修建了连接卢浮宫与杜伊勒里宫的大长廊，又称"花廊"。路易十四时期曾令建筑师比洛和勒沃对卢浮宫的东立面按照法国文艺复兴风格加以改建，改建工作从 1624 年一直持续到 1654 年。

□卢浮宫

1682 年法国宫廷移往凡尔赛宫后，卢浮宫的扩建再度终止。路易十四曾计划放弃卢浮宫，并将其拆除，但后来改变了主意，让法兰西学院纹章院、绘画和雕塑学院以及科学院搬入卢浮宫的空房，此外还有一些学者和艺术家被国王邀请住在卢浮宫的一层和大长廊的二楼。1750 年法王路易十五正式提出了拆除卢浮宫的计划。但由于宫廷开支过大，缺乏足够的金钱来雇用拆除卢浮宫所需的工人，该宫殿因此得以幸存。

1789 年 10 月 6 日，巴黎的民妇集群前往凡尔赛宫，将法王路易十六挟至巴黎城内，安置于杜伊勒里宫，该时期对卢浮宫进行了简单的清理打扫工作。法国大革命期间，卢浮宫被改为博物馆对公众开放。拿破仑即位后，开始了对卢浮宫的大规模扩建，建造了面向里沃利林荫路的北翼建筑，并在围合起来的巨大广场中修建了卡鲁索凯旋门，作为杜伊勒里宫的正门。拿破仑三世时期修建了黎塞留庭院和德农庭院，完成了卢浮宫建筑群。

1871 年 5 月，巴黎公社面临失败时，曾在杜伊勒里宫和卢浮宫内举火，试图将其烧毁。杜伊勒里宫被完全焚毁，卢浮宫的花廊和马尔赞长廊被部分焚毁，但主体建筑幸免。第三共和国时期拆除了杜伊勒里宫废墟，形成了卢浮宫今日的格局。

卢浮宫的收藏品多达 40 万件，由古代埃及艺术、古代东方艺术、古代希腊和古代罗马艺术、中世纪文艺复兴雕塑艺术、现代雕塑艺术、工艺美术及绘画艺术7个部分组成。卢浮宫馆藏虽丰，但慕名而来的观众却难窥其庐山真面目。因为它的6个展馆仅在星期一、三两天基本全部开放，其余4天轮流开放，星期日只开一半。而且目前的展品仅占全部馆藏的1/3。如今它的藏画就有1.5万件，但平时用以出展的不过2000多件，因此有幸目睹卢浮宫全部珍藏的人寥寥无几。置身于40万件艺术珍品的包围之中，无论是谁都会对艺术本身或隐含其中的历史的、情绪的沉积浮想联翩——卢浮宫的魅力也正在于此。

卢浮宫的陈列分为7个部门：古东方文物伊斯兰艺术、古埃及文物、古希腊与古罗马文物、工艺品、绘画、雕刻以及负责筹划短期和长期展览的平面艺术部门，分布在黎希留馆、绪利馆和德农馆三个馆区从地下夹层到三层中。每个楼层细分为10个小区域，每个区域内展示厅都按参观方向编号。卢浮宫的镇馆三宝——《米罗岛的维纳斯》《萨摩屈拉克胜利女神》和《蒙娜丽莎》肖像，是精品中的精品。

卢浮宫是一个具有文艺复兴时期风格的金碧辉煌的王宫。迄今为止，卢浮宫已成为世界著名的艺术殿堂。1981年，法国实行了"大卢浮宫"计划，著名建筑设计师贝聿铭设计了一个玻璃金字塔作为卢浮宫的总入口，它与古典式的宫殿形成特殊的对比。

📕知识链接

卢浮宫

卢浮宫有着非常曲折、复杂的历史，而这又是和巴黎以至法国的历史错综地交织在一起的。人们到这里当然是为了亲眼看到举世闻名的艺术珍品，同时也是想看卢浮宫这座建筑本身，因为它既是一件伟大的艺术杰作，也是法国近千年来历史的见证。这里曾经居住过50位法国国王和王后，还有许多著名艺术家在这里生活过。

旷世杰作巴黎圣母院

科普档案 ●建筑名称：巴黎圣母院　●始建时间：1163年　●位置：法国巴黎塞纳西堤岛东端

巴黎圣母院是法国天主教大教堂，始建于1163年，直到1345年才全部建成。该教堂以其哥特式的建筑风格，祭坛、回廊、门窗等处的雕刻和绘画艺术，以及堂内所藏的13~17世纪的大量艺术珍品而闻名于世。

巴黎圣母院，法国天主教大教堂，始建于1163年，是巴黎大主教莫里斯·德·苏利决定兴建的。整座教堂在1345年才全部建成，历时180多年。该教堂以其哥特式的建筑风格，祭坛、回廊、门窗等处的雕刻和绘画艺术以及堂内所藏的13~17世纪的大量艺术珍品而闻名于世。

巴黎圣母院，位于法国巴黎塞纳西堤岛的东端，是欧洲早期哥特式建筑和雕刻艺术的代表。集宗教、文化、建筑艺术于一身的巴黎圣母院，原为纪念罗马主神朱庇特而建造，随着岁月的流逝，逐渐成为早期基督教的教堂。

巴黎圣母院是一座典型的哥特式教堂。整个教堂全长130米，宽47米，中部堂顶高35米。全部建筑用石头砌成，拱顶结构轻快，堂内空间宽敞，给人一种秀丽、轻盈和流畅的

□巴黎圣母院

□巴黎圣母院后院

感觉。它的正面有一对钟塔，主入口的上部设有巨大的玫瑰窗。在中庭的上方有一个高达百米的尖塔。所有的柱子都挺拔修长，与上部尖尖的拱券连成一气。中庭又窄、又高、又长。从外面仰望教堂，那高峻的形体加上顶部耸立的钟塔和尖塔，使人感到一种向蓝天升腾的雄姿。进入教堂的内部，无数的垂直线条引人仰望，数十米高的拱顶在幽暗的光线下隐隐约约，闪闪烁烁，加上宗教的遐想，似乎上面就是天堂。于是，教堂就成了"与上帝对话"的地方。巴黎圣母院是欧洲建筑史上一个划时代的标志。巴黎圣母院坐东朝西，正面风格独特，结构严谨，看上去十分雄伟庄严。它被壁柱纵向分隔为三大块；三条装饰带又将它横向划分为三部分，其中，最下面有三个内凹的门洞。门洞上方是所谓的"国王廊"，上有分别代表以色列和犹太国历代国王的 28 尊雕塑。1793 年，大革命中的巴黎人民将其误认作他们痛恨的法国国王的形象而将它们捣毁。但是后来，雕像又重新被复原并放回原位。"长廊"上面为中央部分，两侧为两个巨大的石质中棂窗子，中间一个玫瑰花形的大圆窗，其直径约 10 米，建于 1220~1225 年。中央供奉着圣母圣婴，两边立着天使的塑像，两侧立的是亚当和夏娃的塑像。站在塞纳河畔，远眺高高矗立的巴黎圣母院，巨大的门四周布满了雕像，一层接着一层，石像越往里层越小。大门上的雕刻也是精巧无比，多为描述圣经中的人物，大门正中间则是一幕"最后的审判"。左右两边各另设一个大门，左侧大门是圣母玛利亚的事迹，右侧则是圣母之母——圣安娜的故事，每一个雕塑作品层次分明、工艺精细。

巴黎圣母院内，右侧安放一排排烛台，数十支白烛辉映使院内洋溢着柔和的气氛。座席前设有讲台，讲台后面置放三座雕像，左、右雕像是国王路易十三及路易十四，两人目光齐望向中央圣母哀子像，耶稣横卧于圣母膝上，圣母神情十分哀伤。巴黎圣母院第二层楼是著名的玫瑰窗，色彩斑斓，它不仅仅是装饰，这富丽堂皇的彩色玻璃刻画着一个个的圣经故事，以前的神职人员借由这些图像来做传道之用。巴黎圣母院院内摆置很多的壁画、雕塑、圣像，因此前来观览的游客络绎不绝。圣母院第三层楼，也就是最顶层，即雨果笔下的钟楼。从钟楼可以俯瞰巴黎如诗画般的美景，欣赏欧洲古典及现代感的建筑物，领略塞纳河上风光，一艘艘观光船载着游客穿梭游驶于塞纳河。

巴黎圣母院教堂内部极为朴素，几乎没有什么装饰。大厅可容纳9000人，其中1500人可坐在讲台上。厅内的大管风琴也很有名，共有6000根音管，音色浑厚响亮，特别适合奏圣歌和悲壮的乐曲。曾经有许多重大的典礼在这里举行，例如宣读1945年第二次世界大战胜利的赞美诗，又如1970年法国总统戴高乐将军的葬礼等。

巴黎圣母院是一座石头建筑，在世界建筑史上，被誉为一级由巨大的石头组成的交响乐。虽然这是一幢宗教建筑，但它闪烁着法国人民的智慧，反映了人们对美好生活的追求与向往。

知识链接

巴黎圣母院

巴黎圣母院是一座哥特式风格的教堂，是古老巴黎的象征。它矗立在塞纳河中西堤岛的东南端，位于整个巴黎城的中心。它的地位、历史价值无与伦比，是历史上最为辉煌的建筑之一。法国著名作家雨果形容巴黎圣母院是"巨大石头的交响乐"。

华美无比的巴黎歌剧院

科普档案 ●建筑名称:巴黎歌剧院　　●始建时间:1860年　　●位置:法国巴黎

巴黎歌剧院,是一座新巴洛克风格的建筑,是法国上流社会欣赏歌剧的场所,不管内部装饰,还是外表建筑都极尽华丽之能事。歌剧院由法国建筑师查尔斯·加尼叶设计,被认为是新巴洛克式建筑的典范之一。

巴黎歌剧院,是一座位于法国巴黎,拥有2200个座位的歌剧院。早在17世纪时,意大利歌剧就风靡整个欧洲,称霸歌剧舞台了。欧洲各国的作曲家因而致力于发展本国的歌剧艺术,与意大利歌剧相抗衡,与宫廷贵族追求时髦的庸俗趣味进行斗争。就是在这一时期,法国吸取了意大利歌剧的经验,创造出具有本国特色的歌剧艺术,法国歌剧也由此发展起来。法国歌剧艺术风格的形成,推动了法国建立自己的歌剧院。1667年,法国国王路易十四批准建立法国第一座歌剧院。1671年3月19日,由佩兰、康贝尔和戴苏德克负责建造了"皇家歌剧院",它就是巴黎歌剧院的前身。歌剧院于1763年被毁于大火。1860年,年仅35岁的查尔斯·加尼叶承担了新歌剧院的设计重任,1875年新的歌剧院建成,这是举世公认的第二帝国时期最成功的建筑杰作。建筑正面雄伟庄严、豪华壮丽,透过歌剧院广场及歌剧院大街,可以直视国王宫殿及卢浮宫博物馆。

□巴黎歌剧院

巴黎歌剧院长173米，宽125米，建筑总面积1.12万平方米，拥有座位2200个。歌剧院有着全世界最大的舞台，可同时容纳450名演员。歌剧院里演出大厅的悬挂式分枝吊灯重约8

□巴黎歌剧院内景

吨。其富丽堂皇的休息大厅堪与凡尔赛宫大镜廊相媲美，里面装潢豪华，四壁和廊柱布满巴洛克式的雕塑、挂灯、绘画，有人说这儿豪华得像是一个首饰盒，装满了金银珠宝。该厅长54米，宽13米，高18米。它艺术氛围十分浓郁，是观众休息、社交的理想场所。

巴黎歌剧院的大铜顶有千吨重，拱门守着入口，煞是气派。一入内所见的玄厅，有许多大音乐家的石雕像，雕塑之细致、雕塑之传神，犹如大师再生。里面的装潢更是充满红沙发、红布幔、红丝绒壁纸的水晶大吊灯，重要的是它演出的品质也与它的装潢有同样高的水准。一进入歌剧院，马上就会被壮观的大楼梯吸引，大理石楼梯在金色灯光照射下更加闪亮，据说是被当时贵族仕女的衬裙擦得光亮的，可以想见歌剧院当时的盛况。大楼梯上方天花板上则描绘着许多寓言故事。大楼梯两侧是歌剧院的走廊，这些走廊提供听众在中场休息时社交谈话的场所，精美壮观程度不亚于大楼梯，加尼叶构想将大走廊设计成类似古典城堡走廊，在镜子与玻璃交错辉映下，更与歌剧欣赏相得益彰。

巴黎歌剧院的地下歌剧魅影是十分著名的，"歌剧魅影"的故事就发生在巴黎歌剧院。这个歌剧院，因为有着复杂的结构和悠久的历史，本身就充满了神秘的色彩。该剧院有2531个门，7593把钥匙，9.66千米长的地下暗道。而且，更惊人的是，在歌剧院的最底层，有一个容量4839立方米、深6

米的蓄水池。如果观众走到地下室的最下面一层，就可以看到它漆黑黏稠的水面。歌剧院每隔十年左右就要把这里的水全部抽出，换上清洁的水。据说这个水池是当年在修建歌剧院，发掘地下室的时候，不小心碰到地下水形成的。当时的建筑师查尔斯·加尼叶花了8个月的时间把所有的水抽干，但是为了使建筑物的地基坚固，他设计的地下室的墙和地板都用了双层的防水结构。之后，他把最后一层充水，让水把墙的缝隙填满，使之更加坚固。本来只是偶然设计的结构，但是在层层的地下室之下，忽然出现水池，竟然为电影造出了摇曳的灯光和形状古怪的小船。

📖 知识链接

巴黎歌剧院

　　巴黎歌剧院是举世公认的第二帝国时期最成功的建筑杰作。建筑正面雄伟庄严、豪华壮丽，透过歌剧院广场及歌剧院大街，可以直视国王宫殿及卢浮宫博物馆。

悉尼的灵魂悉尼歌剧院

科普档案 ●建筑名称:悉尼歌剧院 ●建造时间:1959~1973 年 ●位置:澳大利亚悉尼港便利朗角

在澳大利亚悉尼大桥附近有一个三面环水的奔尼浪岛,在这座岛上矗立着一组似群帆泊港、如白鹤惊飞的建筑群,它就是举世闻名的悉尼歌剧院。

悉尼歌剧院整个建筑占地 1.84 万平方米,长 183 米,宽 118 米,高 67 米,相当于 20 层楼的高度。悉尼歌剧院的外观为三组巨大的壳片,耸立在南北长 186 米、东西最宽处为 97 米的现浇钢筋混凝土结构的基座上。第一组壳片在地段西侧,四对壳片成串排列,三对朝北,一对朝南,内部是大音乐厅。第二组在地段东侧,与第一组大致平行,形式相同而规模略小,内部是歌剧厅。第三组在它们的西南方,规模最小,由两对壳片组成,里面是餐

□悉尼歌剧院被称为“20世纪最具标志性的建筑之一”

□悉尼歌剧院

厅。其他房间都巧妙地布置在基座内。整个建筑群的入口在南端，有宽97米的大台阶。车辆入口和停车场设在大台阶下面。悉尼歌剧院坐落在悉尼港湾，三面临水，环境开阔，以特色的建筑设计闻名于世，它的外形像3个三角形翘首于河边，屋顶是白色的，形状犹如贝壳，因而有"翘首遐观的恬静修女"之美称。

悉尼歌剧院整体分为三个部分：歌剧厅、音乐厅和贝尼朗餐厅。歌剧厅、音乐厅及休息厅并排而立，建在巨型花岗岩石基座上，各由4块巍峨的大壳顶组成。这些"贝壳"依次排列，前三个一个盖着一个，面向海湾依抱，最后一个则背向海湾侍立，看上去很像是两组打开盖倒放着的蚌。高低不一的尖顶壳，外表用白格子釉磁铺盖，在阳光照映下，远远望去，既像竖立着的贝壳，又像两艘巨型白色帆船，飘扬在蔚蓝色的海面上，故有"船帆屋顶剧院"之称。那贝壳形尖屋顶，是由2194块重15.3吨的弯曲形混凝土预制件，用钢缆拉紧拼成的，外表覆盖着105万块白色或奶油色的瓷砖。

据设计者晚年时说，他当年的创意其实是来源于橙子。正是那些剥去了一半皮的橙子启发了他。而这一创意来源也由此刻成小型的模型放在悉尼歌剧院前，供游人们观赏这一平凡事物引起的伟大构想。

悉尼歌剧院是从 20 世纪 50 年代开始构思兴建的，1955 年起公开搜集世界各地的设计作品，至 1956 年共有 32 个国家 233 个作品参选，后来丹麦建筑师约翰·伍重的设计中选。悉尼歌剧院共耗时 16 年、斥资 1200 万澳币完成建造。为了筹措经费，除了募集基金外，澳洲政府还曾于 1959 年发行悉尼歌剧院彩券。

在建造过程中，因为改组后的澳洲新政府与约翰·伍重失和，使得这位建筑师愤而于 1966 年离开澳洲，从此再未踏上澳洲土地，连自己的经典之作都无法看到。之后的工作由澳洲建筑师群合力完成，悉尼歌剧院最后在 1973 年 10 月 20 日正式开幕。

悉尼歌剧院设备完善，使用效果优良，是一座成功的音乐、戏剧演出建筑。那些濒临水面的巨大的白色壳片，像是海上的船帆，又如一簇簇盛开的花朵，在蓝天、碧海、绿树的衬映下，婀娜多姿，轻盈皎洁。这座建筑已被视为世界的经典建筑载入史册。悉尼歌剧院也被称为"20 世纪最具标志性的建筑之一"。

📙知识链接

悉尼歌剧院

悉尼歌剧院不仅是悉尼艺术文化的殿堂，更是悉尼的灵魂，是公认的 20 世纪世界七大奇迹之一，是悉尼最容易被认出的建筑。来自世界各地的观光客每天络绎不绝前往参观拍照，清晨、黄昏或星空，不论徒步缓行或出海遨游，悉尼歌剧院随时为游客展现多种多样的迷人风采。

圣彼得大教堂

科普档案 ●建筑名称：圣彼得大教堂　　●建造时间：326~333 年　　●位置：梵蒂冈

圣彼得大教堂位于梵蒂冈，是罗马基督教的中心教堂，欧洲天主教徒的朝圣地与梵蒂冈罗马教皇的教廷，是全世界第一大教堂。圣彼得大教堂于 326 年在圣彼得墓地上修建，333 年落成，为巴西利卡式建筑。

圣彼得大教堂，罗马基督教的中心教堂，欧洲天主教徒的朝圣地与梵蒂冈罗马教皇的教廷，是全世界第一大教堂。

圣彼得大教堂位于梵蒂冈，最初由君士坦丁大帝于 326 年在圣彼得墓地上修建，称老圣彼得大教堂，于 333 年落成，为巴西利卡式建筑。16 世纪，教皇朱利奥二世决定重建圣彼得大教堂，并于 1506 年破土动工。在长达 120 年的重建过程中，意大利最优秀的建筑师布拉曼特、米开朗基罗、德拉·波尔塔和卡洛·马泰尔相继主持过设计和施工，直到 1626 年才正式宣告落成，称新圣彼得大教堂。1870 年以来的重要宗教仪式均在此举行。登上教堂正中的圆穹顶部可眺望罗马全城。在圆穹内的环形平台上，可俯视教堂内部，欣赏圆穹内壁的大型镶嵌画，多为米开朗基罗、拉斐尔等的壁画、雕塑艺术。

圣彼得大教堂是现在世界上最大的教堂，总面积 2.3 万平方米，主体建筑高 45.4 米，长约 211 米，最多可容纳近 6 万人同时祈

□圣彼得大教堂俯瞰图

祷，只不过必须衣冠整齐并通过安检才可以进入教堂。

圣彼得大教堂下面的廊檐上方有 11 尊雕像，中间是耶稣基督；两侧各有一座钟，右边是格林威治标准时间，左边是罗马时间。大殿下面有

□圣彼得大教堂

5 扇门，平常一般游客都入中门。如果遇上机会，教徒们就可从右边的圣门进入大殿，不过这需 25 年才有一次。按规定，每时隔 25 年的圣诞之夜，圣门打开后由教皇领头走入圣堂，意为走入天堂。其他三门分别是"圣事门""善恶门"和"死门"。通过中门进入能容纳 5 万人的圣彼得教堂内部，呈现在眼前的简直是一座艺术宝库。屋顶和四壁都饰有以《圣经》为题材的绘画，不少是名家作品。最引人注目的雕刻艺术杰作主要有三件：一是米开朗基罗 24 岁时的雕塑作品。圣母怀抱死去的儿子的悲痛感和对上帝旨意的顺从感在作品中刻画得淋漓尽致。这里所表现的圣母痛苦状与米开朗基罗以后的作品迥然不同。二是贝尔尼尼雕刻的青铜华盖。它由 4 根螺旋形铜柱支撑，足有 5 层楼房那么高。华盖前面的半圆形栏杆上永远点燃着 99 盏长明灯，而下方则是宗座祭坛和圣彼得的坟墓，只有教皇才可以在这座祭坛上，面对东升的旭日，当着朝圣者举行弥撒。三是圣彼得宝座。这也是贝尔尼尼设计的一件镀金的青铜宝座。宝座上方是光芒四射的荣耀龛及象牙饰物的木椅，椅背上有两个小天使，手持开启天国的钥匙和教皇三重冠。传说这把木椅是圣彼得的真正御座，后经考证为加洛林国王泰查二世所赠送。除此三件艺术杰作外，站在米开朗基罗设计的穹隆顶下抬头上望，你会感到大堂内的一切都显得如此渺小。穹顶周长 71 米，为罗马全城的最高点。

　　圣彼得大教堂正前的露天广场就是闻名世界的圣彼得广场，建于1667年，主持设计施工的是一位那不勒斯人。他的手笔赋予了广场上排成四行的284根托斯卡拉式柱子永恒的生命，柱子上方那美妙绝伦的圣者塑像400年来一直诉说着当年这个才华横溢的建筑天才的名字：贝尔尼尼——巴洛克艺术之父。

　　圣彼得大教堂整栋建筑平面走势是一个十字架结构，造型充满神圣的意味。教堂内部装饰华丽，华丽到令人惶恐不安，令人窒息。现在我们见到的教堂中央著名的大拱形屋顶是米开朗基罗的杰作，双重构造，外暗内明。对于这个大圆顶，曾有过百年的波折，最先是布拉曼特于1506年设计，1514年他去世后拉斐尔接替了他。6年后，拉斐尔也去世了，教堂顶部借鉴哥特式的设计，强调黑暗与光明的对比，采用了玫瑰花窗，教会出于对教堂入口处的光线对比效应的考虑，圆顶被取消。后来米开朗基罗在71岁高龄时接任了这项工作，以"对上帝、对圣母、对圣彼得的爱"的名义，恢复了圆顶。

　　圣彼得大教堂北面有著名的梵蒂冈望景楼，一座有几百米长的建筑物，把梵蒂冈宫和由罗马教皇英诺森特八世在一座小山顶上建造的望景楼别墅连接起来。

📖 知识链接

圣彼得大教堂

　　圣彼得大教堂是一座长方形的教堂，整栋建筑呈现出一个希腊十字架的结构，造型是非常传统而神圣的，这同时也是目前全世界最大的一座教堂。圣彼得大教堂是一座富丽堂皇值得参观的建筑圣殿，它拥有的多达百件的艺术瑰宝，更被视为无价的资产。

圣索菲亚大教堂

科普档案 ●建筑名称:圣索菲亚大教堂 ●建造时间:532～537年 ●位置:土耳其伊斯坦布尔

圣索菲亚大教堂,建于东罗马皇帝统治时期,是拜占庭建筑与艺术最辉煌的代表。这座带有圆顶的高大明朗的大教堂,气势十分宏伟,堪称拜占庭艺术的结晶。

圣索菲亚大教堂,建于东罗马皇帝统治时期,是拜占庭建筑与艺术最辉煌的代表。这座带有圆顶的高大明朗的大教堂,气势十分宏伟,堪称拜占庭艺术的结晶。325年,君士坦丁大帝为供奉智慧之神索菲亚,建造了圣索菲亚大教堂,成为拜占庭帝国极盛时代的纪念碑。532年,圣索菲亚大教堂毁于一场暴乱。537年,查士丁尼皇帝为标榜自己的文治武功,决定进行重建。重建后的圣索菲亚大教堂,比毁坏前的更加辉煌,更加威严。教堂建成后,基督教东方的教堂便有了自己的特点,它不仅用做举行宗教仪式,还被用做皇帝举行重要国仪的场所。它作为基督教的宫廷教堂,整整持续了9个世纪,一直是基督教之东正教的中心教堂。

圣索菲亚大教堂,位于土耳其伊斯坦布尔市,东西长77米,南北长71米,布局属于以穹隆覆盖的巴西利卡式。教堂中央穹隆突出,四面体量相仿但有侧重,前面有一个大院子,正南入口有两道门庭,末端有半圆神龛。教堂中央大穹隆,直径32.6米,穹顶离地54.8米,通过帆拱支承在4个大柱墩上。其横推力由东西两个半穹顶及南北各两个大柱墩来平衡。内部空间丰富多变,穹隆之下,柱列之间,大小空间前后上下相互渗透。穹隆底部密排着一圈40个窗洞,光线射入时形成的幻影,使大穹隆显得轻巧凌空。教堂内部装饰灿烂夺目:墩子和墙上全用彩色大理石贴面,有白、绿、黑、红等颜色,组成各种图案。柱子大多是暗绿色,少数是深红色;柱头一律用白色大

□圣索菲亚大教堂

理石，镶以金箔。柱头、柱础和柱身的交接线处，都以包金的铜箍镶饰；穹顶和拱顶全用玻璃马赛克作装饰，以金色作底子，也有少量蓝色作底子的。地面上也用马赛克镶嵌成图案，因而上下左右显得金碧辉煌，色彩琳琅满目。

圣索菲亚大教堂既有罗马建筑特色，又有东方艺术韵味，至今仍然是伊斯坦布尔最有名，也是最具代表性的历史建筑。圣索菲亚大教堂的设计，已经充分反映了拜占庭时代艺术家和建筑师的高超艺术、技术水平。

1453 年，奥斯曼土耳其苏丹穆罕默德攻入君士坦丁堡，踏进了他朝思暮想的圣索菲亚大教堂。他下令将教堂内所有拜占庭壁画用灰浆遮盖住，所有基督教雕像也被搬出，并将大教堂改为清真寺，还在周围修建了 4 个高大的尖塔，这就是今天我们看到的圣索菲亚大教堂的面貌。

奥斯曼人把圣索菲亚大教堂改为清真寺，不仅是伊斯兰教取代了基督教，而且是奥斯曼帝国取代了拜占庭帝国——罗马帝国彻底灭亡。罗马帝国虽然在延宕了 1000 余年之后，成为尘封的历史，但是它把古希腊—罗马最珍贵的文化遗产留给了欧洲，使在"黑暗的中世纪"里沉寂了上千年的欧洲，走向了文艺复兴的辉煌道路。

圣索菲亚大教堂的特别之处在于平面采用了希腊式十字架的造型。在空间上，则创造了巨型的圆顶，而且在室内没有用柱子来支撑。更详细地说，君士坦丁大帝请来的数学工程师们发明出以拱门、扶壁、小圆顶等设计来支撑和分担穹隆重量的建筑方式，以便在窗间壁上安置又高又圆的圆顶，让人仰望天界的美好与神圣。由于地震和叛乱的烧毁，圣索菲亚大教堂经历过数次重修，尤其532年查士丁尼大帝投入1万名工人、大量黄金，并花费6年光阴将圣索菲亚大教堂装饰得更为精巧华美。神圣的教堂是当时的城市中心，而从统治者对教堂所投注的心力不难看出统治者借由对宗教的奉献夸示帝国的权力与财富，而对周遭地区施与影响力的用心。在17世纪圣彼得大教堂完成前，圣索菲亚大教堂一直是世界上最大的教堂。

圣索菲亚大教堂内部空间既集中，又曲折多变。教堂的穹顶下空间与南北两侧是明确隔开的，而与东西两侧又是统一的。这是为了宗教仪式的需要，增大纵深的空间；至于南北两侧的空间，透过柱廊与中央部分相通，它的内部又以柱廊作为划分。这样，层次多了，会引起人们对空间的无限幻觉。

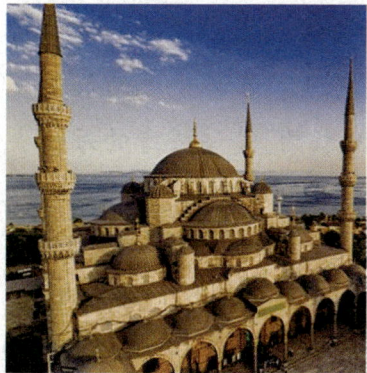

📖知识链接

圣索菲亚大教堂

圣索菲亚大教堂既有罗马建筑特色，又有东方艺术韵味，至今仍然是伊斯坦布尔最有名，也是最具代表性的历史建筑。圣索菲亚大教堂的设计，已经充分反映了拜占庭时代艺术家和建筑师的高超艺术、技术水平。圣索菲亚大教堂作为世界上唯一从6世纪保留至今的古代建筑，也是唯一一个由教堂改为清真寺的建筑。圣索菲亚大教堂是属于基督徒和穆罕默德信徒共有的一个宗教博物馆。

比萨的标志比萨斜塔

科普档案 ●建筑名称:比萨斜塔　●建造时间:1173~1372年　●位置:意大利比萨城

比萨斜塔位于意大利比萨城大教堂的后面,是奇迹广场的三大建筑之一,意大利中世纪文化遗产。因地基沉陷而偏离垂直中心线5.2米,长时期斜而不倒,被认为是世界建筑史上的奇迹和不朽之作。

比萨斜塔,位于意大利托斯卡纳省比萨城北面的奇迹广场上。广场的大片草坪上散布着一组宗教建筑,它们是大教堂、洗礼堂、钟楼(即比萨斜塔)和墓园,它们的外墙面均为乳白色大理石砌成,各自相对独立但又形成统一的罗马式建筑风格。

比萨斜塔,修建于1173年,由著名建筑师博纳诺·皮萨诺主持修建。比萨斜塔从地基到塔顶高58.36米,从地面到塔顶高55米,钟楼墙体在地面上的宽度是4.09米,在塔顶宽2.48米,总重约14453吨,重心在地基上方22.6米处。圆形地基面积为285平方米,对地面的平均压强为497千帕。目前的倾斜约10%,即5.5度,偏离地基外沿2.3米,顶层突出4.5米。开始时,塔高设计为100米左右,但动工五六年后,塔身从三层开始倾斜,直到完工还在持续倾斜。在其关闭之前,塔顶已南倾(即塔顶偏离垂直线)3.5米。

在实际工作中,许多有关专家对比萨斜塔的全部历史以及塔的建筑材料、结构、地质、水源等方面进行了充分的研究,并采用各种先进的仪器设备进行测试。比萨中古史学家皮洛迪教授研究后认为,建造塔身的每一块石砖都是一块石雕佳品,石砖与石砖间的黏合极为巧妙,有效地防止了塔身倾斜引起的断裂,成为斜塔斜而不倒的一个因素。但他仍强调指出,当务之急是弄清比萨斜塔斜而不倒的奥妙。

从事观测该塔的专家盖里教授根据比萨斜塔近几年来倾斜的速度推

测出，斜塔将于250年后因塔身的重心超出塔基外缘而倾倒。但是公共事务部比萨斜塔服务局的有关人员针对盖里教授的看法提出了反驳，认为只按数学方式推算是不可靠的，比萨斜塔是"一个由多种事实交织

□比萨斜塔

成的综合性问题"。另一些研究者调查发现比萨斜塔塔身曾一度向东倾斜，尔后又转向南倾斜，他们同样认为该塔在过去几百年间斜而不倒，250年后倒与不倒恐怕不能局限于简单的假设和预测。

当然，最关心斜塔命运的自然是比萨人，尽管他们也对斜塔的倾斜感到担忧，但更多的是骄傲和自豪，为自己的故乡拥有一个自认为可与世界上著名建筑媲美的斜塔而感到自豪。他们坚信它不会倒下，他们有这样一句俗语，比萨塔像比萨人一样健壮结实，永远不会倒下去。他们对那些把斜塔重新纠正竖直的建议最为深恶痛绝。如1934年，在地基及四周喷入90吨水泥，实施基础防水工程，塔身反而更加不稳，向周围移动，倾斜得更快。

比萨斜塔毫无疑问是建筑史上的一座重要建筑。在发生严重的倾斜之前，它大胆的圆形建筑设计已经向世人展现了它的独创性。虽然在更早年代的意大利钟楼中，采用圆形地基的设计并不少见，类似的例子可以在拉文纳、托斯卡纳和翁布里亚找到。但是，比萨钟楼被认为是独立于这些原型，在更大程度上，它是在借鉴前人建筑经验的基础上，独立设计并对圆形建筑加以发展，形成了独特的比萨风格。

钟楼的圆形设计被认为是为了同一旁的大教堂建筑形成反射而相对

应，因此有意地模仿教堂半圆形后殿的曲线设计。更重要的是，钟楼与广场上对圆形结构的强调是相一致的，尤其是在宏伟的同样是圆形的洗礼堂奠基以后，整个广场更像是有意设计成耶路撒冷复活教堂的现代版本。这种设计正来源于经典的古代建筑。

钟楼的装饰格调是继承了大教堂和洗礼堂的经典之作，墙面用大理石或石灰石砌成深浅两种白色带，半露方柱的拱门，拱廊中的雕刻大门，长菱形的花格平顶，拱廊上方的墙面对阳光的照射形成光亮面和遮阴面的强烈反差，给人以钟楼内的圆柱相当沉重的假象。大教堂、洗礼堂和钟楼之间形成了视觉上的连续性。

斜塔的倾斜问题始终吸引着好奇的游客、艺术家和学者，这使得比萨斜塔闻名世界。比萨斜塔为什么会倾斜，专家们曾为此争论不休。尤其是在 14 世纪，人们在两种论调中徘徊：比萨斜塔究竟是建造过程中无法预料和避免的地面下沉累积效应的结果，还是建筑师有意为之呢？进入 20 世纪，随着对比萨斜塔越来越精确的测量、使用各种先进设备对地基土层进行的深入勘测以及对历史档案的研究，一些事实逐渐浮出水面：比萨斜塔在最初的设计中本应是垂直的建筑，但是在建造初期就开始偏离了正确的位置。

比萨斜塔之所以会倾斜，是由于它地基下面土层的特殊性造成的。比萨斜塔下有好几层不同材质的土层，各种软质粉土的沉淀物和非常软的黏土相间形成，而在深约一米的地方则是地下水层。这个结论是在对地基土层成分进行观测后得出的。最新的挖掘表明，钟楼建造在了古代的海岸边缘，因此土质在建造时便已经沙化和下沉了。

1972 年 10 月，意大利发生的一次大地震使斜塔受到了强大的冲击，整个塔身大幅度摇晃达 22 分钟之久，极其危险。幸运的是，该塔仍巍然屹立。这种"斜而不倒"的现象，堪称世界建筑史上的奇迹。1989 年，帕维亚的一座塔发生倒塌，造成 4 人死亡。专家们马上联想到了比萨斜塔，因为它和帕维亚那座塔的构造类似，所处地区的土质也一样，很可能也会面临同样命运。

进入 20 世纪以后，随着科学技术的发展和政府部门的投入，对比萨斜塔维护的研究工作有了进展，专家成立委员会评估任何一个可能导致倾斜加剧的危险可能性，并研发阻止继续倾斜直至逆转倾斜的方法。由于倾斜程度过于危险，比萨斜塔曾在 1990 年 1 月 7 日停止向游客开放，经过 12 年的修缮，耗资约 2500 万美元，斜塔被扶正 44 厘米，基本达到了预期的效果。专家认为，只要不出现不可抗拒的自然因素，经过修复的比萨斜塔，300 年内将不会倒塌。2001 年 12 月 15 日起再次向游人开放。

比萨斜塔是比萨城的标志，1987 年它和相邻的大教堂、洗礼堂、墓园一起因其对 11~14 世纪意大利建筑艺术的巨大影响，被联合国教科文组织评选为世界遗产。

📖 知识链接

比萨斜塔

比萨斜塔毫无疑问是建筑史上的一座重要建筑。在发生严重的倾斜之前，它大胆的圆形建筑设计已经向世人展现了它的独创性。虽然在更早年代的意大利钟楼中，采用圆形地基的设计并不少见，类似的例子也可以在拉文纳、托斯卡纳和翁布里亚找到。但是，比萨钟楼被认为是独立于这些原型的，在更大程度上，它是在借鉴前人建筑经验的基础上，独立设计并对圆形建筑加以发展，形成了独特的比萨风格。

巴黎埃菲尔铁塔

科普档案 ●建筑名称:埃菲尔铁塔 ●建造时间:1887~1889 年 ●位置:法国巴黎战神广场

埃菲尔铁塔是法国巴黎的标志之一，被法国人爱称为"铁娘子"。埃菲尔铁塔位于法国巴黎战神广场上，于 1889 年建成，铁塔设计新颖独特，是世界建筑史上的技术杰作。

埃菲尔铁塔，法国巴黎著名铁塔，巴黎的标志之一，被法国人爱称为"铁娘子"。

埃菲尔铁塔，位于法国巴黎战神广场上，于 1889 年建成，高 300 米，天线高 24 米，总高 324 米。埃菲尔铁塔得名于设计它的桥梁工程师居斯塔夫·埃菲尔。铁塔设计新颖独特，是世界建筑史上的技术杰作，因而成为法国和巴黎的一个重要的景点和突出的标志。

1889 年适逢法国大革命 100 周年纪念，法国政府决定隆重庆祝，在巴黎举行一次规模空前的世界博览会，以展示工业技术和文化方面的成就，并建造一座象征法国革命和巴黎的纪念碑。筹委会本来希望建造一所古典式的，有雕像、碑体、园林和庙堂的纪念性群体，但在 700 多件应征方案里，却选中了桥梁工程师居斯塔夫·埃菲尔的设计：一座象征机器文明、在巴黎任何角落都能望见的巨塔。

埃菲尔铁塔，耸立在巴黎市区塞纳河畔的战神广场上。除了四个脚是用钢筋水泥之外，全身都用钢铁构成，塔身总重量 7000 吨。塔分三层，第一层高 57 米，第二层 115 米，第三层 274 米。除了第三层平台没有缝隙外，其他部分全是透空的。从塔座到塔顶共有 1711 级阶梯，现已安装电梯，故十分方便。每一层都设有酒吧和饭馆，供游客在此小憩，领略独具风采的巴黎市区全景：每逢晴空万里，这里可以看到远达 70 千米之内的景色。

□埃菲尔铁塔

1889年5月15日，为给世界博览会开幕式剪彩，铁塔的设计师居斯塔夫·埃菲尔亲手将法国国旗升上铁塔的300米高空。由此，人们为了纪念他对法国和巴黎的这一贡献，还在塔下特别为他塑造了一座半身铜像。

这个为了世界博览会而落成的金属建筑，曾经保持世界最高建筑45年，直到纽约帝国大厦出现。埃菲尔铁塔由150万个铆钉连接固定，据说它对地面的压强只有一个人坐在椅子上那么大。塔的四个面上，铭刻了72个科学家的名字，都是为了保护铁塔不被摧毁而从事研究的人们。

埃菲尔铁塔的设计者是法国建筑师居斯塔夫·埃菲尔。早年他以旱桥专家而闻名。他一生中杰作累累，遍布世界，但使他名扬四海的还是这座以他名字命名的铁塔。用他自己的话说：埃菲尔铁塔"把我淹没了，好像我一生只是建造了它"。当初，法国政府虽然决定在巴黎建造一座世界最高的大铁塔，但提供的资金只是所需费用的1/5。埃菲尔为实现他的设计，曾将他的建筑工程公司和全部财产抵押给银行作为工程投资。

1887年1月28日，埃菲尔铁塔正式开工。250名工人冬季每天工作8小时，夏季每天工作13小时。终于，1889年3月31日这座钢铁结构的高塔大功告成。埃菲尔铁塔的金属制件有1.8万多个，重达7000吨，施工时共钻孔700万个,使用铆钉250万个。由于铁塔上的每个部件事先都严格编号,所以装配时没出一点儿差错。施工完全依照设计进行,中途没有进行任何改动,可见设计之合理、计算之精确。据统计,仅铁塔的设计草图就有5300多张,其中包括1700张全图。这一庞然大物显示了资本主义初期工业生产的强大威力,与其说是建筑,不如叫作装配更为恰当。在设计、分解、生产零件、组装到修整过程中,总结出一套科学、经济而有效的方法,同时也显示出法国人天马行空式的浪漫情趣、艺术品位、创新魄力和幽默感。

就像第二次世界大战胜利后远渡大西洋、在纽约落户的自由女神像一样,埃菲尔铁塔在不和谐中求和谐,在不可能中觅可能。它对新艺术运动的意义绝不能牵强附会地理解为只是从塔尖到塔基那条大曲线,或者塔身上面一些铁铸件图案花边:铁塔恰如新艺术派一样,代表着当时欧洲正处于古典主义传统向现代主义过渡与转换的特定时期。埃菲尔铁塔经历了百年风雨,在经过20世纪80年代初的大修之后风采依旧,巍然屹立在塞纳河畔,它是全体法国人民的骄傲。近年来巴黎市政府对铁塔进行了大的维修。从1985年圣诞节起,铁塔改用碘钨灯照明,夜晚塔身呈现金黄色,既节省电,也更加美观。

法国巴黎埃菲尔铁塔自1889年建成以来,已经成为法兰西的象征。这座高达320米的建筑,由12000个金属部件连接,共用钢铁9000多吨。法国人性格阴柔细腻,他们不把这座庞然大物称作"大英雄"或"大丈夫"之类,而是将它亲密地称为"铁娘子"。铁娘子傲然屹立,风姿绰约,已经迎风沐雨站立了一百多年。既然是"娘子",那么它就得沐浴洗澡,梳妆打扮。可是巴黎这位娘子在118年里,总共才洗过18次。最短的两年一次,最长的时候几十年才洗一次澡。这个可怜的纪录,不仅会使"娘子"伤心,更会使"汉子们"落泪。那么,"铁娘子"是如何洗澡的呢?由于埃菲尔铁塔建筑复杂,所以至今都要用人工油漆。油漆本身都是用专门材料制成的,其寿命比其他的油漆寿命更长。由于铁塔构架庞大,人工数目不能太多,一般在25人左右,工人们先用砂纸打磨钢架,刮掉老化的漆皮,并刷上底漆。随后,工人们把55吨调好的油漆一点点涂到铁塔上去,这是保护埃菲尔铁塔的重要一环。

工人们要把油漆涂到铁塔的各个部位:向阳的一面、朝阴的一面、顶部迎风的一面……难度最大的是顶部铁塔的死角处,人们只能弯着身子或者倾斜着身体进行工作。虽然都带有安全绳索,不会有太大的生命危险,但是按工人们的话说:"油漆这座美丽的铁塔确实是一项艰苦的工作。"在油漆铁塔的时候,铁塔照常营业。每天有大批的游客前来观光,有时漆滴落在游客身上,就会有工作人员帮助清除。这种油漆在没有干的时候很容易清除,但干了以后就像石头一样坚固。

"铁娘子"洗澡的关键,是埃菲尔铁塔所使用的油漆。这种油漆的颜色十分独特,由三种不同色度的褐色构成,底部是深褐色,顶部是浅褐色,它有一个专门的名字叫作"埃菲尔铁塔棕褐色"。一般时候,人们在游览时只为铁塔高大宏伟的气魄所惊叹,为它巧夺天工的创意所叹服,铁塔的色彩反倒很少有人关注。其实"铁娘子"之美,除去她风姿绰约的体态之外,她本身的色彩与光线结合,才使铁塔显得更加光彩照人,回味无穷。

铁塔的设计者埃菲尔先生当初交付图纸时就曾说:"只有适当的油漆,才能保障这座金属建筑的寿命。"这句话对于铁娘子的维护很是适用,它是不是同时也更适合于现今人们情感的维系:细致关怀、善始善终,这才是人间大美之所在。

📚 **知识链接**

埃菲尔铁塔

埃菲尔铁塔经历了百年风雨,在经过20世纪80年代初的大修之后风采依旧,巍然屹立在塞纳河畔,它是全体法国人民的骄傲。这一庞然大物显示了资本主义初期工业生产的强大威力,与其说是建筑,不如叫作装配更为恰当。在设计、分解、生产零件、组装到修整过程中,总结出一套科学、经济而有效的方法,同时也显示出法国人天马行空式的浪漫情趣、艺术品位、创新魄力和幽默感。

久负盛名的凯旋门

科普档案 ●建筑名称：凯旋门 ●建造时间：1806～1836 年 ●位置：法国巴黎戴高乐广场中心

巴黎凯旋门，又称雄狮凯旋门，是拿破仑·波拿巴为纪念 1805 年打败俄奥联军的胜利，于 1806 年下令修建而成的。巴黎的凯旋门并非仅有一座，但最为壮观、最为著名的，是位于夏尔·戴高乐广场中央的凯旋门。

巴黎凯旋门，又称雄狮凯旋门，是拿破仑·波拿巴为纪念 1805 年打败俄奥联军的胜利，于 1806 年下令修建而成的。拿破仑被推翻后，凯旋门工程中途辍止。波旁王朝被推翻后又重新复工，到 1836 年终于全部竣工。

巴黎的凯旋门并非仅有一座，但最为壮观、最为著名的，是位于夏尔·戴高乐广场中央的那座凯旋门。1805 年 12 月 2 日，拿破仑·波拿巴在奥斯特利茨战役中大败奥俄联军。翌年 2 月 12 日拿破仑·波拿巴下令建此凯旋门以炫耀自己的军功。同年 8 月，按照著名建筑师夏尔格兰的设计开始破土动工。但中间时停时建，断断续续经过了整整 30 年，才于 1836 年 7 月 29 日举行了落成典礼。

巴黎 12 条大街都以凯旋门为中心，向四周放射，气势磅礴，为欧洲大城市的设计典范。凯旋门高 49.54 米，宽 44.82 米，厚 22.21 米，中心拱门高 36.6 米，宽 14.6 米。在凯旋门两面门墩的墙面上，有 4 组以战争为题材的大型浮雕："出征""胜利""和平"和"抵抗"；其中有些人物雕塑还高达五六米。凯旋门的四周都有门，门内刻有跟随拿破仑远征的 386 名将军和 96 场胜仗的名字，门上刻有 1792～1815 年间的法国战事史。其中最负盛名的是面向香榭丽舍田园大街、由著名雕刻家吕德设计雕塑的《马塞曲》。可以乘电梯或登石梯上凯旋门的拱门上，石梯共 273 级，上去后第一站有一个小型的历史博物馆，里面陈列着介绍凯旋门建筑史的图片。另外，还有两间配有英法语言解说的电影放映室，专门放映一些反映巴黎历史变迁的资料片。再往上走，就到了凯旋门的顶部平台，从这里可以鸟瞰巴黎名胜。

在凯旋门的正下方，是1920年11月11日建造的无名战士墓。墓是平的，地上嵌着红色的墓志："这里安息的是为国牺牲的法国军人。"据说，墓中睡着的是在第一次世界大战中牺牲的一位无名战士，他代表着在大战中死难的150万法国官兵。墓前有一长明灯，每天晚上都准时举行一项拨旺火焰的仪式。每逢节日，就有一面10多米长的法国国旗从拱门顶端直垂下来，在无名烈士墓上空招展飘扬。

现在，每年的7月14日，法国举国欢庆国庆节时，法国总统都要从凯旋门通过；每当法国总统卸职的最后一天也要来此，向无名烈士墓献上一束鲜花。据说这座凯旋门还有一个奇特的地方，就是每当拿破仑·波拿巴周忌日的黄昏，从香榭丽舍田园大街向西望去，一团落日恰好映在凯旋门的拱形门圈里。

随着岁月的流逝，凯旋门，这个曾经的拿破仑帝国军队的标志已成为现今法国爱国主义的标志，同时也身兼纪念性建筑的职责。

📖**知识链接**

凯旋门

凯旋门复古的全石质建筑体上布满了精美的雕刻，中心拱顶内装饰着111块宣扬拿破仑赫赫成功的上百场战役的浮雕，它们与拱门四脚上美轮美奂的巨型浮雕相映生辉，使人感觉它不仅是一个古老的建筑，更是一件精美动人的艺术品。

旧金山的象征金门大桥

科普档案 ●建筑名称:金门大桥 ●建造时间:1933~1937 年 ●位置:美国加利福尼亚州的金门海峡上

金门大桥雄峙于美国加利福尼亚州宽 1900 多米的金门海峡之上,是世界著名的大桥之一,被誉为近代桥梁工程的一项奇迹,也被认为是旧金山的象征。

金门大桥,是世界著名的大桥之一,被誉为近代桥梁工程的一项奇迹,也被认为是旧金山的象征。

金门大桥,雄峙于美国加利福尼亚州宽 1900 多米的金门海峡之上。金门海峡为旧金山海湾入口处,两岸陡峻,航道水深,为 1579 年英国探险家弗朗西斯·德雷克发现,并由他命名。

金门大桥的最初构想来源于桥梁工程师约瑟夫·施特劳斯。施特劳斯在此前设计了 400 多座内陆的小型桥梁。这座桥的其他主要设计者包括决定其艺术造型和颜色的艾尔文·莫罗、合作进行复杂的数学推算的工程师查尔斯·埃里斯、桥梁设计师里昂·莫伊塞弗。

□旧金山金门大桥

金门大桥的北端连接北加利福尼亚,南端连接旧金山半岛。当船只驶进旧金山,从甲板上举目远望,首先映入眼帘的就是大桥的巨型钢塔。钢塔耸立在大桥南北两侧,高 342 米,其中高出水面部分为 227 米,相当于一座 70 层高的建筑物。塔的顶端用两根直

□金门大桥，是世界著名的大桥之一

径将近 1 米、重 2.45 万吨的钢缆相连。钢缆中点下垂，几乎接近桥身，钢缆和桥身之间用一根根细钢绳连接起来。钢缆两端延伸到岸上锚定于岩石中。大桥桥体凭借桥两侧两根钢缆所产生的巨大拉力高悬在半空之中。钢塔之间的大桥跨度达 1280 米，为世界所建大桥中罕见的单孔长跨距大吊桥之一。从海面到桥中心部的高度约 60 米，又宽又高，所以即使涨潮时，大型船只也能畅通无阻。

金门大桥包括从钢塔两端延伸出去的部分，全长达 2000 米，为此，又分别在两侧修建了两座辅助钢塔，使桥形更加壮观。大桥的桥面宽 27.4 米，有 6 条车行道和两条宽敞的人行道。大桥的设计者是工程师约瑟夫·施特劳斯，人们为纪念他对美国做出的贡献，把他的全身铜像安放在桥畔。铜像形象生动，神情自若。

金门大桥于 1933 年动工，1937 年 5 月竣工，用了 4 年时间和 10 万多吨钢材，耗资达 3550 万美元。整个大桥造型宏伟壮观、朴素无华。金门大桥桥身的颜色为国际橘，因建筑师艾尔文·莫罗认为此色既和周边环境协调，又可使大桥在金门海峡常见的大雾中显得更醒目。由于这座大桥新颖的结构和超凡脱俗的外观而被国际桥梁工程界广泛认为是美的典范，更被美国建筑工程师协会评为现代的世界奇迹之一。金门大桥也是世界上最上镜的大桥之一。

在金门大桥维护工作中,给桥身不断涂刷油漆是其中一项内容。有趣的是,拥有38位员工的油漆队,完全涂刷一遍需要365天,所以涂刷工作一年到头均在持续进行中。

金门大桥的维护工作还包括不断的加固工作,在1989年年底发生大地震后,当局聘请专家对金门大桥的脆弱性进行了详细评估,并制定了加固计划,分三期工程实施,第二期加固工程已于2006年中完成。

📖知识链接

金门大桥

金门大桥因其新颖的结构和超凡脱俗的外观而被国际桥梁工程界广泛认为是美的典范,更被美国建筑工程师协会评为现代的世界奇迹之一。金门大桥也是世界上最上镜的大桥之一。

世界第一高塔哈利法塔

科普档案 ●建筑名称：哈利法塔●建造时间：2004～2010 年●位置：阿拉伯联合酋长国迪拜市

哈利法塔原名迪拜塔，又称迪拜大厦或比斯迪拜塔，于 2004 年 9 月 21 日动工，2010 年 1 月 4 日竣工启用，同时正式更名哈利法塔，位于阿拉伯联合酋长国第二大城市迪拜，是目前世界第一高建筑。

哈利法塔原名迪拜塔，又称迪拜大厦或比斯迪拜塔，于 2004 年 9 月 21 日动工，2010 年 1 月 4 日竣工启用，同时正式更名哈利法塔，是目前世界第一高建筑，高度为 818 米，可使用楼层为 162 层。

哈利法塔，位于阿拉伯联合酋长国第二大城市迪拜，项目由美国芝加哥公司的美国建筑师阿德里安·史密斯设计，韩国三星公司负责实施。建筑设计采用了一种具有挑战性的单式结构，由连为一体的管状多塔组成，具有太空时代风格的外形，基座周围采用了富有伊斯兰建筑风格的几何图形——六瓣的沙漠之花。哈利法塔加上周边的配套项目，总投资超过 20 亿美元。哈利法塔 37 层以下是一家酒店，45~108 层则作为公寓。第 123 层是一个观景台，站在上面可俯瞰整个迪拜市。建筑内有 1000 套豪华公寓，周边配套项目包括：老城、迪

□哈利法塔

□哈利法塔

拜 MALL 及配套的酒店、住宅、公寓、商务中心等项目。

哈利法塔的设计为伊斯兰教建筑风格,楼面为"Y"字形,并由三个建筑部分逐渐连贯成一核心体。从沙漠上升,以上螺旋的模式令人目眩,减少大楼的剖面使它更如直往天际,至顶上,中央核心逐渐转化成尖塔,Y 字形的楼面也使得哈利法塔有较大的视野享受。

哈利法塔是目前世界上最高的大楼,除了打破之前的纪录保持者——台北 101 大厦,也打败了目前其他所有的高楼开发案,如纽约市世界贸易中心原址的自由塔、上海环球金融中心、卡拉奇的港口塔与芝加哥的芝加哥螺旋塔, 更超越多伦多的加拿大国家电视塔成为世界最高的自承式建筑,而后还超越了美国北达科他州的 KVLY-TV 天线塔与纪录上最高的建筑——华沙电台广播塔,而它也几乎是纽约帝国大厦的两倍高。

哈利法塔不但高度惊人,连建筑物料和设备也分量十足。哈利法塔总共使用 33 万立方米混凝土、3900 千克钢材及 14.2 万平方米玻璃。大厦内设有 56 部升降机,速度最高达每秒 10 米。另外还有双层的观光升降机,每次最多可载 42 人。此外,哈利法塔也为建筑科技掀开新的一页。为巩固建筑物结构,大厦动用了超过 31 万立方米的强化混凝土及 6.2 万吨的强化钢筋,而且也是史无前例地把混凝土垂直泵上逾 460 米的地方,打破台北 101 大厦建造时的 448 米纪录。哈利法塔光是大厦本身的修建就耗资至少 10 亿美元,还不包括其内部大型购物中心、湖泊和稍矮的塔楼群的修筑费用。

为了修建哈利法塔，共调用了大约4000名工人和100台起重机。哈利法塔不仅是世界第一高楼，还是世界第一高建筑。

哈利法塔建设者说，虽然大厦位于阿拉伯半岛，却是国际合作的产物，众多建筑方中只有一家来自迪拜。建筑师和工程师是美国人，主要建筑承包商来自韩国。安全顾问是澳大利亚人，而低层内部装修则交给了新加坡公司。此外，还有4000名印度劳工在工地上奔波。他们分三班昼夜不停地工作，还要忍受迪拜夏季闷热的天气。

建成后的哈利法塔不仅是世界第一高楼，还是迪拜成为世界之城的一个标志。

📖**知识链接**

迪　拜

　　长久以来，迪拜一直是海湾地区新兴城市和经济腾飞的代表。在过去一个世纪里，北美和亚洲一些城市先后经历了经济繁荣，而21世纪中东经济发展热门的海湾地区，也正急于向全世界展示其成功和活力。摩天大楼就是其展现方式之一。

日本第一塔东京塔

科普档案 ●建筑名称:东京塔 ●建造时间:1957~1958年 ●位置:东京都港区芝公园西侧

　　东京塔是一座以巴黎埃菲尔铁塔为范本而建造的红白色铁塔,高333米,比埃菲尔铁塔高出13米,是当时全世界最高的自立式铁塔。

　　东京塔,正式名称为日本电波塔,是一座以巴黎埃菲尔铁塔为范本而建造的红白色铁塔,但其高333米,比埃菲尔铁塔高出13米,是当时全世界最高的自立式铁塔。

　　东京塔,位于日本东京都港区芝公园西侧,由建筑师内藤多仲与"日建设计株式会社"共同设计。铁塔于1957年开工,1958年竣工。灯光照明由世界著名照明设计师石井干子设计主持,照明时间为日落到午夜0点之间。灯光颜色随季节变化,夏季为白色,春、秋、冬季为橙色。塔在150米处设有大瞭望台,249.9米处设有特别瞭望台,可一览东京都内景色,晴朗之日可远眺富士山。

　　东京塔在距地面253米的自立式铁塔的顶端,又接上了一个高80米的天线支承塔,距地面的总高为333米,这就是发射和接收电视及期货电波的信号收发塔。铁塔将地下1层,地上5层,总面积约为2.18万平方米的科学馆楼跨于塔下。在距地面120米处的塔上设置2层的瞭望台(约1500平方米),而距地面225米处设有作业台(后改为特别瞭望台,面积约130平方米)。瞭望台和塔下的科学馆楼有可乘23人的电梯和楼梯进行联络,而上部作业台与瞭望台之间则设置的是可乘10人的电梯和楼梯。另外,在距地面66米处,还做了将来可以增设1000平方米瞭望台的设计。瞭望台的各部分装修一律采用重量轻和不燃性材料,并且尽量采用干式施工法。

铁塔是由四根正方形截面的主柱和与主柱相连的水平杆及斜杆连接而成的自立式铁塔,构件全是大型型钢(角钢、槽钢)和钢板。

由于东京塔处于风吹雨淋之下,它的耐久性是靠防锈来保证的。该塔的140米以下部分的构件利用喷砂机清除铁锈和氧化皮等后,涂一道蚀洗用涂料,再涂一道铅丹之后,再涂两道邻苯二甲酸系彩色涂料。塔身的140米以上部分经酸洗后,如前所述,漆以镀锌,然后,再将构件组装起来。饰面则是用与下部颜色相同的涂料上两道。此外,该铁塔的构件几乎全部都是组合截面,所以,应采用雨水不易存留的形式,同时还要便于实施内部涂饰。原则上,不能采用封闭型截面,必须有一部分是开放型的。在实在避免不了的部位也要通过开泄水孔等措施,以免构件生锈。还有,竣工后,每经过5~7年,包括天线支承塔在内,整个铁塔都要进行一次重新涂饰,做一次确保耐久性的维护。

这座日本最高的独立铁塔是东京的最高点。棱锥体形的铁塔由四脚支撑,塔身涂成澄黄和乳白相间的颜色,鲜艳夺目。塔的上部装有7个电视台、21个电视中转台和广播台等的无线电发射天线。

塔的上部是整个建筑物的心脏,对外发送无线电波,为日本广播协会、日本电视网、东京放送、朝日电视、富士电视、十二台等电视台的7个频道传送节目。另外,还可以发射侦察、消防等方面的特种电波。塔基底的四只坐脚墩之间各隔80米,四脚之内建有一座5层大楼,里面设有餐厅、百货店等,供应齐全。楼内还开辟了科学馆,展出电视、无线电设备、各式各样的实验仪器、丰富多彩的

□日本东京塔

科普图片等。

塔身150米的高处建有一座2层楼的瞭望台,供来客登高赏景。250米的高处设有特别瞭望台。3台电梯不停地运送参观的人们。从大楼底层到瞭望台,乘电梯只需1分钟,若徒步则需攀登563级阶梯。

瞭望台内是一个20米见方的房间,四周用整块的大玻璃镶装,置身其中,仿佛凌空出世,远离人间。晴天,向下俯视,整个东京一览无余,西边美丽的富士山,淡妆素裹,婉丽多姿,令人赞叹。入夜,塔身饰灯骤然齐明,在夜空中构成一幅绚丽多彩的图案,越发显得神奇、雄伟。

塔的下部为铁塔大楼,一楼为休息厅,二楼有商场,三楼是规模居日本及远东第一的蜡像馆。蜡像馆内有数十尊和真人一般大小的蜡像,四周的布景,有神话中的仙境、恐怖的囚室及逼供室等场面,加上灯光及音响效果,使游客宛若置身其境。在大楼的入口处右侧,还矗立着参加第一次南极考察队的犬群塑像。四楼是近代科学馆和电视摄影棚,五楼是电台发射台。

东京塔诞生以前,世界上第一高塔是法国巴黎的埃菲尔铁塔,但东京塔超过它13米,高达333米。它所使用的建筑材料却只有埃菲尔铁塔的一半,造塔费时一年半,还不到埃菲尔铁塔施工时间的1/3。用这样少的材料和这样短的时间,平地竖起这座防台风、抗地震的庞然大物,震惊了全世界。

📖 **知识链接**

东京塔

东京塔这座日本最高的独立铁塔是东京的最高点,是一座以巴黎埃菲尔铁塔为范本而建造的红白色铁塔,是当时全世界最高的自立式铁塔。

中国建筑奇迹

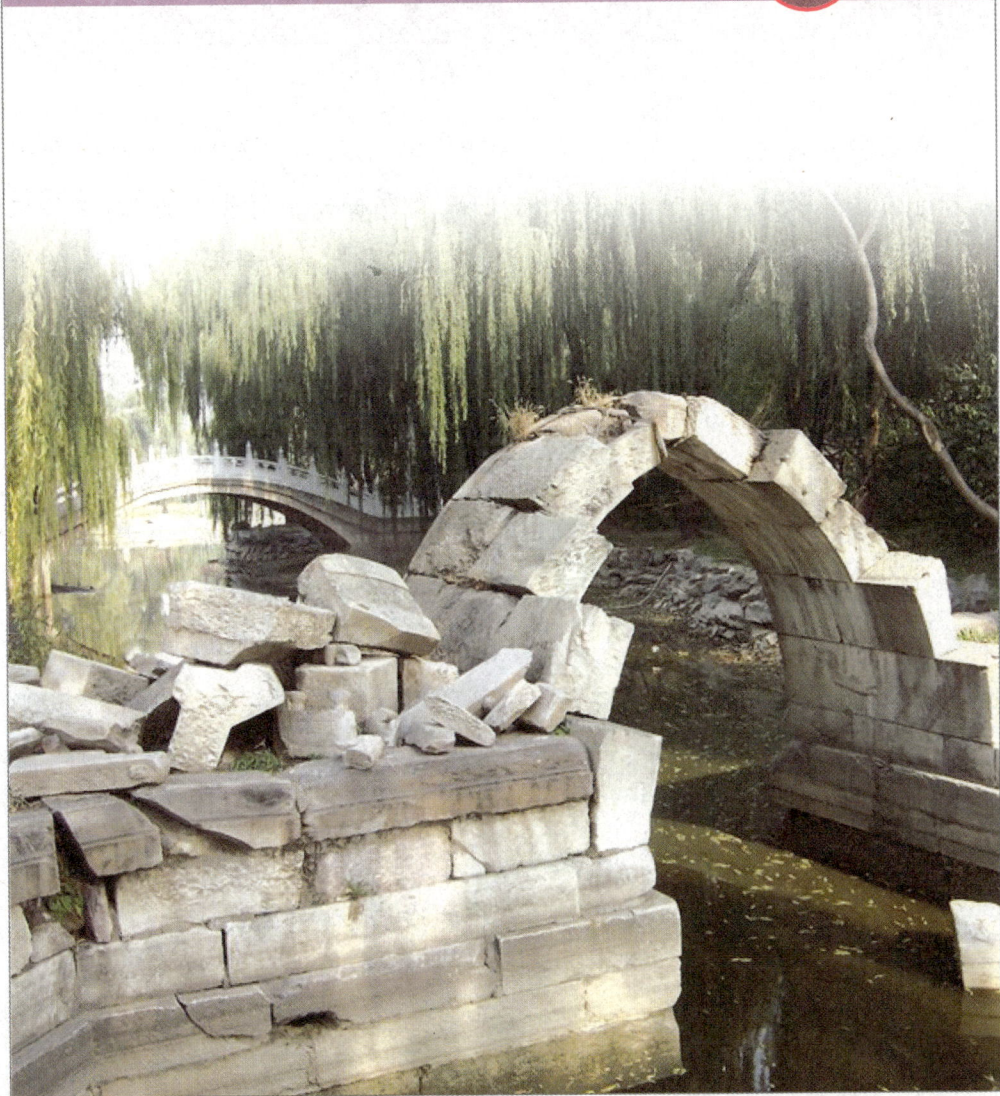

建筑奇迹万里长城

科普档案 ●建筑名称:万里长城　●始建时间:秦朝　●位置:西起嘉峪关,东至辽东虎山

　　万里长城,是我国古代一项伟大的防御工程,它凝聚着我国古代劳动人民的坚强毅力和高度智慧,体现了我国古代工程技术的非凡成就,也显示了中华民族的悠久历史,是我国古代劳动人民创造的奇迹。

　　自秦朝开始,修筑长城一直是一项大工程。秦朝时,秦始皇就使用了近百万劳力修筑长城。当时,没有任何机械,全部劳动都得靠人力,而工作环境又是崇山峻岭、峭壁深壑,可以想象,如果没有大量的劳动力进行艰苦的劳动,是无法完成这项巨大工程的。

　　万里长城,位于我国的北部,东起鸭绿江,西至内陆地区甘肃省的嘉峪关,横贯河北、北京、内蒙古、山西、陕西、宁夏、甘肃七个省、市、自治区,全长约 7000 千米,约 13300 里,在世界上有"万里长城"之誉。它东西南北交错,绵延起伏于我们伟大祖国辽阔的土地上,好像一条巨龙,翻越巍巍群山,穿过茫茫草原,跨过浩瀚的沙漠,奔向苍茫的大海。在古代,有 20 多个诸侯国家和封建王朝修筑过长城,若把各个时代修筑的长城加起来,大约有 5 万千米以上。其中秦、汉、明 3 个朝代所修长城的长度都超过了 5000千米。现在我国新疆、甘肃、宁夏、陕西、内蒙古、山西、河北、北京、天津、辽宁、吉林、黑龙江、河南、山东、湖北、湖南等省、市、自治区都有古长城、烽火台的遗迹。其中仅内蒙古自治区的长城就达 1.5 万多公里。

　　绵延万里的长城并不只是一道单独的城墙,而是由城墙、敌楼、关城、墩堡、营城、卫所、镇城烽火台等多种防御工事所组成的一个完整的防御工程体系。这一防御工程体系,由各级军事指挥系统层层指挥、节节控制。以明长城为例,在万里长城防线上分设了辽东、蓟、宣府、大同、山西、榆林、宁

夏、固原、甘肃九个军事管辖区来分段防守和修缮东起鸭绿江，西至嘉峪关，全长 7000 多千米的长城，称作"九边重镇"，每镇设总兵官作为这一段长城的军事长官，受兵部的指挥，负责所辖军区内的防务或奉命支援相邻军区的防

□长城

务。明代长城沿线约有 100 万人的兵力防守。总兵官平时驻守在镇城内，其余各级官员分驻于卫所、营城、关城和城墙上的敌楼和墩堡之内。

　　长城作为防御工程，所经地形极为复杂，根据地形又采用了不同的奇特结构，充分展示了华夏祖先的聪明才智，在世界古代工程史上可谓罕见。长城在重要道口、山口、山海交接处设立关城，既便于交通，又有利于防守。在墙身上每隔不远处建有突出的墙台，用于左右射击。长城每隔一段距离，设有敌楼，用于存放武器、粮食和士兵居住，战时用做掩体。长城沿线还建有独立的烽燧、烽火台，用于在敌人入侵时，举火燃烟，迅速传递信息。城墙沿着山坡起伏延伸，穿过沙漠和沼泽。土制的墙以石头为地基，表面用砖块贴饰。从瞭望台上能看到烟雾信号，而在晚上利用篝火，这样消息能以罕见的速度横越全国。

　　自修建以来，长城就在中国历史上扮演着举足轻重的角色。长城的守失关系着许多朝代的更替，关系着中华民族的兴衰。伴随着长城内外著名战役的发生，英雄人物云涌而出，大大丰富了这座亘古建筑的文化内涵。如战国时代的赵国名将李牧，后代为纪念其功绩，在雁门关修建了李牧祠作为纪念，至今其遗址犹存。民间也流传着许多关于长城的故事，其中最著名的是孟姜女哭长城，在山海关还建有孟姜女庙，前来参拜的人络绎不绝。

　　在中国历史的长河中，许多封建王朝为了巩固自己的统治，曾经对长城进行过多次修筑。我国古代千千万万劳动人民为它贡献了智慧，流尽了血汗，使它成为世界一大奇迹。不论是巨龙似的城垣，还是扼居咽喉的关隘，都体现了当时设防的战争思想，而且也显示着当时建筑技术的高超水

平。明朝时期,随着封建经济的高度发展,建筑业也出现了规模巨大的生产流程和比较科学的烧制砖瓦作坊。因此砖的制品产量大增,砖瓦已不再是珍贵的建筑材料,所以明长城不少地方的城墙内外檐墙都以巨砖砌筑。在当时全靠手工施工,靠人工搬运建筑材料的情况下,采用重量不大、尺寸大小一样的砖砌筑城墙,不仅施工方便,而且提高了施工效率,提高了建筑水平。其次,许多关隘的大门,多用青砖砌筑成大跨度的拱门,这些青砖有的已严重风化,但整个城门仍威严峙立,表现出当时砌筑拱门的高超技能。从关隘城楼上的建筑装饰看,许多石雕砖刻的制作技术都极其复杂精细,反映了当时工匠匠心独运的艺术才华。

　　万里长城是世界上修建时间最长、工程量最大的冷兵器时代的国家军事性防御工程,凝聚着我们祖先的血汗和智慧,是中华民族的象征和骄傲。自公元前七八世纪开始,延续不断修筑了 2000 多年,分布于中国北部和中部的广大土地上,总计长度达 5 万多公里,被称为"上下两千多年,纵横十万余里"。如此浩大的工程不仅在中国就是在世界上,也是绝无仅有的,因而其在几百年前就被列为世界七大奇迹之一了。

📖 知识链接

万里长城

　　万里长城从春秋战国开始,伴随着中国长达 2000 多年的封建社会行进。众所周知,一部悠久的古代中国文明史,封建社会是最丰富、最辉煌的篇章,举凡封建社会重大的政治、经济、文化方面的历史事件,在长城上都打下了烙印。金戈铁马、逐鹿中原、改朝换代、民族争和等在长城上都有所反映。长城作为一座历史的实物丰碑,将永存于中华大地上。

神秘沧桑的故宫

科普档案 ●建筑名称:故宫　●建造时间:1406~1420年　●位置:北京市中心

　　故宫位于北京市中心，旧称紫禁城。于明代永乐十八年（1420年）建成，是明、清两代的皇宫，无与伦比的古代建筑杰作，世界现存最大、最完整的木质结构的古建筑群。

　　故宫，又称"紫禁城"，明、清两代的皇宫,也是世界上最大的宫殿。故宫始建于1406年,1420年建成,明朝皇帝朱棣始建,设计者蒯祥,占地面积78万平方米,用30万民工,共建了14年,有房屋9999间半,主要建筑是太和殿、中和殿和保和殿。

　　朱元璋的儿子朱棣与建文帝大战三年,夺得了帝位。朱棣做皇帝后,决定把都城迁到他原来的领地燕,也就是现在的北京。1421年朱棣正式迁都北京,在以后500多年的历史中,明、清两代共有24位皇帝在这里行使对全国的统治大权。

　　故宫,位于北京市中心。历代宫殿都"象天立宫"以表示君权"受命于天"。由于君为天子,天子的宫殿如同天帝居住的"紫宫"禁地,故名"紫禁城"。紫禁城,四面环有高10米的城墙和宽52米的护城河。城南北长961米,东西宽753米,占地面积达72万平方米。城墙四面各开有一门,南有午门,北有神武门,东有东华门,西有西华门。城墙四角,还耸立着4座角楼,角楼有3层屋檐,72个屋脊,玲珑剔透,造型别致。城内宫殿建筑布局沿中轴线向东西两侧展开。红墙黄瓦,画栋雕梁,金碧辉煌。殿宇楼台,高低错落,壮观雄伟。朝暾夕曛中,仿若人间仙境。城之南半部以太和、中和、保和三大殿为中心,两侧辅以文华、武英两殿。北半部则以乾清、交泰、坤宁三宫及东西六宫和御花园为中心,其外东侧有奉先、皇极等殿,西侧有养心殿、

□故宫

雨花阁、慈宁宫等，是皇帝和后妃们居住、举行祭祀和宗教活动以及处理日常政务的地方，称为"后寝"。后半部在建筑风格上不同于前半部。前半部建筑形象是严肃、庄严、壮丽、雄伟，以象征皇帝的至高无上。后半部内廷则富有生活气息，建筑多是自成院落，有花园、书斋、馆榭、山石等。在坤宁宫北面的是御花园。御花园里有高耸的松柏、珍贵的花木、山石和亭阁。名为万春亭和千秋亭的两座亭子，可以说是目前保存的古亭中最华丽的了。前后两部分宫殿建筑总面积达 16.3 万平方米。整组宫殿建筑布局谨严，秩序井然，寸砖片瓦皆遵循着封建等级礼制，映现出帝王至高无上的权威。

　　故宫里吸引人的建筑是三座大殿：太和殿、中和殿和保和殿。它们都建在汉白玉砌成的 8 米高的台基上，以显示封建帝王至高无上的威严。太和殿坐落在紫禁城对角线的中心，故宫的设计者认为，不这样不足以显示皇帝的威严，不足以震慑天下。远远望去犹如神话中的琼宫仙阙。太和殿是最富丽堂皇的建筑，俗称"金銮殿"，是皇帝举行大典的地方，殿高 28 米，东西 63 米，南北 35 米，有直径达 1 米的大柱 92 根，其中 6 根围绕御座的是沥粉金漆的蟠龙柱。御座设在殿内高 2 米的台上，前有造型美观的仙鹤、炉、鼎，后面有精雕细刻的围屏。整个大殿装饰得金碧辉煌，庄严绚丽。中和殿是皇帝去太和殿举行大典前稍事休息和演习礼仪的地方。保和殿是每年除夕皇帝赐宴外藩王公的场所。

　　故宫的一些宫殿中设立了综合性的历史艺术馆、绘画馆、分类的陶瓷馆、青铜器馆、明清工艺美术馆、铭刻馆、玩具馆、文房四宝馆、玩物馆、珍宝馆、钟表馆和清代宫廷典章文物展览等，收藏有大量古代艺术珍品，据统计共达 1052653 件，占中国文物总数的 1/6，是中国收藏文物最丰富的博物馆，也是世界著名的古代文化艺术博物馆，其中很多文物是绝无仅有的无价之宝。

故宫严格地按着"前朝后市，左祖右社"的帝都营建原则建造。整个故宫，在建筑布置上，用形体变化、高低起伏的手法，组合成一个整体。在功能上符合封建社会的等级制度，同时达到左右均衡和形体变化的艺术效果。中国建筑的屋顶形式是丰富多彩的，在故宫建筑中，不同形式的屋顶就有 10 种以上。以三大殿为例，屋顶各不相同。故宫建筑屋顶满铺各色琉璃瓦件。主要殿座以黄色为主。绿色用于皇子居住区的建筑。其他蓝、紫、黑、翠以及孔雀绿、宝石蓝等五色缤纷的琉璃，多用在花园或琉璃壁上。太和殿屋顶当中正脊的两端各有琉璃吻兽，稳重有力地吞住大脊。吻兽造型优美，是构件又是装饰物。一部分瓦件塑造出龙凤、狮子、海马等立体动物形象，象征吉祥和威严，这些构件在建筑上起了装饰作用。

故宫前部宫殿，当时建筑造型要求宏伟壮丽，庭院明朗开阔，象征封建政权至高无上，太和殿坐落在紫禁城对角线的中心，四角上各有十一只吉祥瑞兽，形象生动，栩栩如生。故宫的设计者认为这样可以显示皇帝的威严，震慑天下。后部内廷却要求庭院深邃，建筑紧凑，因此东西六宫都自成一体，各有宫门宫墙，相对排列，秩序井然，再配以宫灯对联，绣榻几床，都是体现适应豪华生活需要的布置。内廷之后是宫后苑。后苑里有岁寒不凋的苍松翠柏，有秀石叠砌的玲珑假山，楼、阁、亭、榭掩映其间，幽美而恬静。

故宫宫殿沿着一条南北向中轴线排列，三大殿、后三宫、御花园都位于这条中轴线上。并向两旁展开，南北取直，左右对称。这条中轴线不仅贯穿在紫禁城内，而且南达永定门，北到鼓楼、钟楼，贯穿了整个城市，气魄宏伟，规划严整，极为壮观。

故宫是几百年前劳动人民智能和血汗的结晶。初建时被奴役的劳动者有工匠十万，夫役百万。在当时的社会生产条件下，能建造这样宏伟高大的建筑群，充分反映了中国古代劳动人民的高度智慧和创造才能。同时，为了修建故宫,如所需的木材,在明代时,大多采自四川、广西、广东、云南、贵州等地,无数劳动人民被迫在崇山峻岭中的原始森林里,伐运木材。所用石料多采自北京远郊和距京郊二三百里的山区。每块石料往往重达几吨甚至几十、几百吨,如现在保和殿后檐的台阶,有一块云龙雕石重约250吨。

建筑学家们认为故宫的设计与建筑,实在是一个无与伦比的杰作,它的平面布局,立体效果,以及形式上的雄伟、堂皇、庄严、和谐,建筑气势雄伟、豪华壮丽,是中国古代建筑艺术的精华。它标志着中国悠久的文化传统,显示着500多年前匠师们在建筑上的卓越成就。

📖 知识链接

故　宫

故宫是一座皇家宫殿,也是一座博物馆,凝聚着近600年的宫廷变迁和人世沧桑,积淀了几千年的文化。故宫,以其厚重的内涵,成为中华民族文化、艺术和社会、历史的里程碑。故宫是世界上现存最大最完整的古代宫殿建筑群,也是明清24位皇帝临朝为政和日常生活的地方,是人类珍贵的文化遗产。这里代表了权威,也充满了神秘。

高原圣殿布达拉宫

科普档案 ●建筑名称:布达拉宫　●始建时间:7世纪　●位置:西藏首府拉萨市区西北

　　布达拉宫俗称"第二普陀山",屹立在西藏首府拉萨市区西北的红山上,是一座规模宏大的宫堡式建筑群。整座宫殿具有鲜明的藏式风格,依山而建,气势雄伟。宫中还收藏了无数的珍宝,堪称是一座艺术的殿堂。

　　布达拉宫,位于西藏拉萨西北的玛布日山上,是著名的宫堡式建筑群,藏族古建筑艺术的精华,也是中华民族古建筑的精华之作。

　　布达拉宫,始建于7世纪,是藏王松赞干布为远嫁西藏的唐朝文成公主而建的。在拉萨海拔3700多米的红山上建造了999间房屋的宫宇——布达拉宫。宫堡依山而建的,现占地41万平方米,建筑面积13万平方米,宫体主楼13层,高115米,全部为石木结构,5座宫顶覆盖镏金铜瓦,金光灿烂,气势雄伟,被誉为"高原圣殿"。

　　布达拉宫是历世达赖喇嘛的冬宫,也是过去西藏地方统治者政教合一的统治中心,从五世达赖喇嘛起,重大的宗教、政治仪式均在此举行,同时又是供奉历世达赖喇嘛灵塔的地方。

　　布达拉宫依山垒砌,群楼重叠,殿宇嵯峨,气势雄伟,有横空出世、气贯苍穹之势,坚实敦厚的花岗石墙体,松茸平展的白玛草墙领,金碧辉煌的金顶,具有强烈装饰效果的巨大镏金宝瓶、幢和经幡,交相辉映,红、白、黄三种色彩的鲜明对比,分部合筑、层层套接的建筑形体,都体现了藏族古建筑迷人的特色。

　　布达拉宫宫殿的设计和建造根据高原地区阳光照射的规律,墙基宽而坚固,墙基下面有四通八达的地道和通风口。屋内有柱、斗拱、雀替、梁、椽木等,组成撑架。铺地和盖屋顶用的是叫"阿尔嘎"的硬土,各大厅和寝室的

□布达拉宫

顶部都有天窗,便于采光,调节空气。宫内的柱梁上有各种雕刻,墙壁上的彩色壁画面积有2500多平方米。宫内还收藏了西藏特有的、在棉布绸缎上彩绘的唐卡以及历代文物。

布达拉宫的主体建筑,就其功能主要分两大部分,一是达赖喇嘛生活起居和政治活动的地方,二是历代达赖喇嘛的灵塔和各类佛殿。第一部分主要集中在白宫。白宫始建于1645年,历时8年,以松赞干布时原有的观音堂为中心,向东向西修建起一片巨大的寺宇。整个寺宇的墙面被涂成白色,远远望去,分外醒目,人们称为"白宫"。白宫高7层,位于第4层中央的"措钦夏"(东大殿)面积717平方米,由38根大柱支撑,是布达拉宫最大的殿堂,历代达赖喇嘛在此举行坐床、亲政大典等重大宗教和政治活动。第5、6两层是摄政办公和生活用房。最高的一层(第7层)是达赖喇嘛冬宫,这里采光面积很大,从早到晚,阳光灿烂,俗称"日光殿"。殿内陈设豪华、金盆玉碗,珠光宝气,显示出主人高贵的地位。宫殿外,有一个宽大的阳台,从这里可以俯视整个拉萨城。远处是起伏连绵的群山,美丽的拉萨河宛如一条缎带,从天边飘来。近处是片片田陇阡陌,绿树村舍,还有古老的大昭寺金碧辉煌的金顶;第二部分主要集中在红宫。红宫建于1690年,当时,清康熙帝还特意从内地派了100余名汉、满、蒙工匠进藏,参与扩建布达拉宫这一浩大的工程。红宫的主体建筑是各类佛堂和达赖喇嘛的灵塔。宫内有8座存放各世达赖喇嘛法体的灵塔,其中以五世达赖喇嘛的灵塔最大、最华丽,高14.85米,塔身用金皮包裹,镶珠嵌玉。据说共用黄金11万余两,珍珠、宝石、珊瑚、琥珀、玛瑙等18677颗。红宫中最大殿堂"司西平措"(西大殿)面积 725 米，殿内正中上方高悬乾隆所赐"涌莲初地"匾额，设有达赖喇嘛宝座。殿中还存有清康熙帝赠送的大型锦帐一对，是布达拉宫的珍宝之一。殊胜三界殿是红宫最高的殿堂，一旁的经书架上，还置放着雍正皇帝赐予七世达赖喇嘛的北京版《丹珠尔》经书。红宫最西是十三世达赖喇嘛灵塔殿，高 14 米，传说殿内的坛城是用 20 万余颗珍珠串缀而成的。布达拉宫内部精美豪华的装饰一方面是藏族艺术的宝库，另一方面也折射出旧西藏贵族与占人口 95% 以上的农奴之间的巨大差别。红宫主要是宗教活动场所和灵塔祀殿，而白宫是达赖喇嘛的居室和政治活动中心。红白两色浑然一体，充分体现了旧西藏政教合一的社会特征。自从白宫落成后，五世达赖喇嘛即由哲蚌寺移居这里，一直到他去世。此后的历代达赖喇嘛都将布达拉宫作为自己居住和进行宗教活动的地方，于是布达拉宫成为喇嘛及信教群众顶礼膜拜的圣地。

布达拉宫还有一些附属建筑，包括山上的朗杰札仓、僧官学校、僧舍、东西庭院和山下的宫前雪老城内的原西藏地方政府的马基康、雪巴列空、印经院以及监狱、马厩和布达拉宫后园龙王潭等。

300 余年来，布达拉宫作为西藏"政教合一"政权的中心，收藏保存了极为丰富的历史文物和工艺品，堪称西藏历史文化艺术的博物馆，其中 5 万多平方米色彩鲜艳、人物形象栩栩如生的壁画是布达拉宫的一绝。布达拉宫的壁画可分为 4 类：宗教故事、风俗民情、人物传记、历史事件。历史上布达拉宫扩建的场面被壁画生动地记录下来，文成公主进藏的壁画，再现了公元 7 世纪汉藏两民族和睦相处的情景，西大殿一面墙上是 1652 年五世达赖进京觐见顺治皇帝的壁画，十三世达赖灵塔殿内，则绘有十三世达赖进京觐见光绪皇帝和慈禧太后的场面。宫中还有近千座佛塔、上万座塑像、大量的唐卡以及贝叶经、金珠尔经等珍贵文物典籍。表明历史上西藏地方政府与中央政府关系的明清两朝皇帝封赐达赖喇嘛的金册、金印、玉印、诰命等也珍藏在宫中。这些实实在在的文物是中国形成多民族统一国家的历史见证。布达拉宫中还有许多华美精致的卡垫、华盖、法器、帐幔、锦缎、金银器皿、瓷器和石器等，令人眼花缭乱，叹为观止。

布达拉宫过去曾是西藏政教合一政权的中心，与西藏历史上的重要人物松赞干布、文成公主、赤尊公主和历代达赖喇嘛等有着十分重要的关系，因而有着重大的历史意义和宗教等意义。每逢节日活动，布达拉宫会挤满信仰藏传佛教各民族的佛教徒，是著名的佛教圣地。

布达拉宫依山建造，由白宫、红宫两大部分和与之相配合的各种建筑所组成。众多的建筑虽属历代不同时期建造的，但都十分巧妙地利用了山形地势修建，使整座宫寺建筑显得非常雄伟壮观而又十分协调完整，在建筑艺术的美学成就上达到了无比的高度，构成了一项建筑创造的天才杰作。布达拉宫的建筑艺术，是数以千计的藏传佛教寺庙与宫殿相结合的建筑类型中最杰出的代表，在中国乃至世界上都是绝无仅有的例证。布达拉宫不仅在整体建筑上有着创造性的高度成就，而且它的各部分的设计、艺术装饰都达到了很高的成就。

1961 年，布达拉宫被中华人民共和国国务院公布为第一批全国重点文物保护单位之一。1994 年，布达拉宫被列为世界文化遗产。

🔴 知识链接

布达拉宫

布达拉宫号称"世界屋脊上的明珠"，它的宫殿布局、土木工程、金属冶炼、绘画、雕刻等方面均闻名于世，体现了以藏族为主，汉、蒙、满各族能工巧匠高超的技艺和藏族建筑艺术的伟大成就。

台北 101 大厦

科普档案 ●建筑名称:台北 101 大厦●建造时间:1999~2003 年●位置:台湾台北市信义区

台北 101 大厦,在规划阶段初期,原名台北国际金融中心,是截至 2010 年为止的世界第二高楼。位于我国台湾地区台北市信义区,保持了中国世界纪录协会多项世界纪录。

台北 101 大厦,在规划阶段初期,原名台北国际金融中心,由建筑师李祖原设计,KTRT 团队建造,是当时世界最高的摩天大楼。

台北 101 大厦,是位于台湾地区台北市信义区的一栋摩天大楼。大楼地上有 101 层、地下 5 层,楼高为 508 米。以实际建筑物高度来计算,台北 101 大厦已在 2007 年 7 月 21 日,被当时兴建到 141 楼的哈利法塔所超越。

台湾位于地震带上,在台北盆地的范围内,又有三条小断层,兴建台北 101 大厦,建筑的设计必定要能防止强震的破坏。而且台湾每年夏天都会受到太平洋上形成的台风影响,防震和防台风是台北 101 大厦两大建筑所需克服的问题。为了评估地震对台北 101 大厦所产生的影响,地质学家陈斗生开始探查工地预定地附近的地质结构。探钻 4 号发现距台北 101 千米左右有一处 10 米厚的断层。依据这些资料,地震工程研究中心建立了大小不同的模型,来仿真地震发生时,大楼可能发生的情形。为了增加大楼的弹性来避免强震所带来的破坏,台北 101 大厦的中心由一个外围 8 根钢筋的巨柱所组成。但是良好的弹性,却也让大楼面临微风冲击,即有摇晃的问题。抵消风力所产生的摇晃主要设计是阻尼器,而大楼外形的锯齿状,经由风洞测试,能减少 30%~40% 风所产生的摇晃。

台北 101 大厦打地基的工程总共进行了 15 个月,挖出 70 万吨土,基桩由 382 根钢筋混凝土构成。中心的巨柱为双管结构,钢外管,钢加混凝土内管，巨柱焊接花了约两年的时间完成。台北 101 大厦所使用的钢至少有 5 种，依不同部位的设计特别调制的混凝土，比一般混凝土强度强 60%。为了减少高空强风及台风吹拂造成的摇晃，台北 101 大厦内设置了"调质阻尼器"，是在 88~92 楼挂置一个重达 660 吨的巨大钢球，利用摆动来减缓建筑物的晃动幅度。据台北 101 大厦的告示牌所言，这也是全世界唯一开放供游客观赏的巨型阻尼器，更是目前全球最大的阻尼器。防震措施方面，台北 101 大厦采用新式的"巨型结构"，在大楼

□ 台北101大厦

的四个外侧分别各有 2 根巨柱，共 8 根巨柱，每根截面长 3 米、宽 2.4 米，自地下 5 楼贯通至地上 90 楼，柱内灌入高密度混凝土，外以钢板包覆。从许多方面来说，台北 101 大厦运用了许多当代摩天大楼中最先进的技术。大楼内使用了光纤和卫星网络连线，每秒的传输速率最高可达 1GB。此外，日本东芝公司制造了两台全世界最快的电梯，能够在 39 秒之内从 5 楼上升至观景台位所在的 89 楼。而游客也能从楼梯上到位于 91 楼的室外观景台。

台北 101 大厦的 9~84 楼为出租办公室，其中 35、36、59、60 楼为"空中大厅"，将整栋大楼分为低、中、高楼段三个区域，大厅楼层提供便利商店、邮局、管理办公室等设施，其中于 2006 年 5 月 19 日开幕的福客多便利商店为世界最高楼层的便利商店。36 楼设有国际会议中心，提供会议服务。84 楼为"风云会"，为多功能活动场地。

台北 101 大厦办公大楼采用全球首创的"访客发卡系统"。由德国西门

子公司设计制作，访客先利用访客发卡机与租户联系，要求授权进入大楼。租户摄影留下访客影像档后，即可授权发卡，访客利用该临时访客卡即可进入大楼门禁，搭乘双层电梯到达参访楼层。访客门禁卡使用磁条插卡式，承租单位员工门禁卡则使用感应式。在台北101大厦塔楼内，设有34部双层电梯，大楼管理人员会依照不同时段的乘客人数变换三种不同的运转方式。其中10部大运量电梯是从12楼直达四个空中大厅楼层，让乘客可在空中大厅转搭其他运量较小的区域电梯。此外，台北101大厦也设计有"电梯预叫系统"，可于电梯未到达前，以大楼电梯外的按钮指定欲到达的楼层，在电梯内不必排队按键。在非上班时间，承租单位的员工必须利用门禁卡感应启动大楼电梯，电梯才得以运作，以维护大楼内部安全。台北101大厦也有电梯导览系统及电梯乘场显示系统，以方便乘客查询电梯相关资讯。

　　1999年年初，为了降低台北101大厦对飞航安全的影响，改变商业航班进出松山机场的飞行路线，并在1999年年底时获得了解决，台北101大厦专案向后延伸一段距离，确保在2003年大厦建造完成时依然可以成为世界上最高的建筑物。

知识链接

台北101大厦

　　台北101大厦是建在地震带上的摩天大楼，在其建造完工时，又打破创造了多项世界纪录：台北101大厦建筑物顶端高度508米取代马来西亚吉隆坡双子塔452米；最高的建筑露天观景台；最快的电梯速度；跨年夜最大的倒数计时钟等。

运动圣地鸟巢

科普档案 ●建筑名称: 鸟巢 ●建造时间: 2003~2008 年 ●位置: 北京奥林匹克公园

鸟巢位于北京奥林匹克公园中心区南部，为 2008 年第 29 届奥林匹克运动会的主体育场。奥运会成为北京市民广泛参与体育活动及享受体育娱乐的大型专业场所，并成为具有地标性的体育建筑和奥运遗产。

鸟巢，中国国家体育场，是 2008 年北京奥运会主体育场，由 2001 年普利茨克奖获得者赫尔佐格、德梅隆与中国建筑师李兴刚等合作完成的巨型体育场设计，由艾未未担任设计顾问。形态如同孕育生命的"巢"，它更像一个摇篮，寄托着人类对未来的希望。设计者们对这个国家体育场没有做任何多余的处理，只是坦率地把结构暴露在外，因而自然形成了建筑的外观。

鸟巢位于北京奥林匹克公园中心区南部，于 2003 年 12 月 24 日开工建设，2004 年 7 月 30 日因设计调整而暂时停工，同年 12 月 27 日恢复施工，2008 年 3 月完工。工程总造价 22.67 亿元，占地面积 21 万平方米，建筑面积 25.8 万平方米。场内观众座席约为 9.1 万个，其中临时座席约 1.1 万个。奥运会、残奥会开闭幕式、田径比赛及足球比赛决赛在这里举行。奥运会后这里已成为文化体育、健身购物、餐饮娱乐、旅游展览等综合性的大型场所，并成为具有地标性的体育建筑和奥运遗产。

鸟巢地势略微隆起，如同巨大的容器，高低起伏波动的基座缓和了容器的体量，而且给了它戏剧化的弧形外观。鸟巢的外观就是纯粹的结构，立面与结构是同一的。各个结构元素之间相互支撑，会聚成网格状——就如同一个由树枝编织成的鸟巢。在满足奥运会体育场所有的功能和技术要求的同时，设计上并没有被那些类似的过于强调建筑技术化的大跨度结构和数码屏幕所主宰。体育场的空间效果新颖激进，但又简洁古朴，从而为 2008

年奥运会创造了独特的、史无前例的地标性建筑。

鸟巢外形结构主要由巨大的门式钢架组成，共有24根桁架柱。国家体育场建筑顶面呈鞍形，长轴为332.3米，短轴为296.4

□鸟巢

米，最高点高度为68.5米，最低点高度为42.8米。

鸟巢外壳采用可作为填充物的气垫膜，使屋顶达到完全防水的要求，阳光可以穿过透明的屋顶满足室内草坪的生长需要。比赛时，看台是可以通过多种方式进行变化的，可以满足不同时期不同观众量的要求。奥运期间的2万个临时座席分布在体育场的最上端，且能保证每个人都能清楚地看到整个赛场。入口、出口及人群流动通过流线区域的合理划分和设计得到了完美的解决。

鸟巢基座与体育场的几何体合二为一，如同树根与树。行人走在平缓的格网状石板步道上，步道延续了体育场的结构机理。步道之间的空间为体育场来宾提供了服务设施：下沉的花园，石材铺装的广场，竹林、矿质般的山地景观以及通向基座内部的开口。从城市的地面上缓缓隆起，几乎在不易察觉中形成了体育场的基座。体育场的入口处地面略微升高，因此，可以浏览到整个奥林匹克公园建筑群的全景。

鸟巢设计中充分体现了人文关怀，碗状座席环抱着赛场的收拢结构，上下层之间错落有致，无论观众坐在哪个位置，和赛场中心点之间的视线距离都在140米左右。鸟巢的下层膜采用的吸声膜材料、钢结构构件上设置的吸声材料，以及场内使用的电声扩音系统，这三层"特殊装置"使巢内的语音清晰度指标指数达到0.6——这个数字保证了坐在任何位置的观众都能清晰地收听到广播。鸟巢的相关设计师们还运用流体力学设计,模拟出 9.1 万人同时观赛的自然通风状况,让所有观众都能享有同样的自然光和自然通风。"鸟巢"的观众席里,还为残障人士设置了 200 多个轮椅座席。这些轮椅座席比普通座席稍高,保证残障人士和普通观众有一样的视野。赛时,场内还将提供助听器并设置无线广播系统,为有听力和视力障碍的人提供人性化的服务。

许多建筑界专家都认为,鸟巢将不仅是为 2008 年奥运会树立的一座独特的、历史性的标志性建筑,而且在世界建筑发展史上也将具有开创性的意义,将为 21 世纪的中国和世界建筑发展提供历史见证。

知识链接

鸟　巢

鸟巢这件被誉为"第四代体育馆"的伟大建筑作品,见证的不仅仅是人类 21 世纪在建筑与人居环境领域的不懈追求,也见证着中国这个东方文明古国不断走向开放的历史进程。

水上乐园水立方

科普档案 ●**建筑名称**:水立方 ●**建造时间**:2003~2008 年 ●**位置**:北京奥林匹克公园内

水立方位于北京奥林匹克公园内,是 2008 年北京奥运会标志性建筑物之一,与鸟巢分列于北京城市中轴线北端的两侧,共同形成相对完整的北京历史文化名城形象。

水立方,中国国家游泳中心,是北京为 2008 年夏季奥运会修建的主游泳馆,也是 2008 年北京奥运会标志性建筑物之一。

水立方,位于北京奥林匹克公园内,2003 年 12 月 24 日开工,2008 年 1 月 28 日竣工。水立方与鸟巢分列于北京城市中轴线北端的两侧,共同形成相对完整的北京历史文化名城形象。2008 年奥运会期间,水立方承担游泳、跳水、花样游泳等比赛,可容纳观众座席 1.7 万个。其中永久性观众座席为 6000 个,奥运会期间增设临时性座位 1.1 万个。赛后将建成具有国际先进水平的,集游泳、运动、健身、休闲于一体的中心。

水立方,这个看似简单的"方盒子"是中国传统文化和现代科技共同"搭建"而成的。中国人认为,没有规矩不成方圆,按照制定出来的规矩做事,就可以获得整体的和谐统一。在中国传统文化中,"天圆地方"的设计思想催生了"水立方",它与圆形的"鸟巢"——国家体育场相互呼应,相得益彰。方形是中国古代城市建筑最基本的形态,它体现的是中国文化中以纲常伦理为代表的社会生活规则。而这个"方盒子"又能够最好地体现国家游泳中心的多功能要求,从而实现传统文化与建筑功能的完美结合。"水立方"不仅是一幢优美、复杂的建筑,它还能激发人们的灵感和热情,丰富人们的生活,为人们提供记忆的载体。因此设计中不仅利用水的装饰作用,同时还利用其独特的微观结构。在整个建筑内外层包裹的 ETFE 膜是一种轻

□水立方

质新型材料，具有有效的热学性能和透光性，可以调节室内环境，冬季保温，夏季散热，而且还会避免建筑结构受到游泳中心内部环境的侵蚀。

按照设计方案，水立方的内外立面膜结构共由 3065 个气枕组成，覆盖面积达到 10 万平方米，展开面积达到 26 万平方米，是世界上规模最大的膜结构工程，也是唯一一个完全由膜结构来进行全封闭的大型公共建筑。无论对设计还是施工、使用都是一个极大的挑战，对 ETFE 膜的材料、通风空调、防火以及声、光、电的控制等技术提出了一个难度很大的课题。游泳中心内的游泳池应用了许多创新式的设计，如把室外空气引入池水表面，带孔的终点池岸，视觉和声音发出信号等。还有一些高科技设备，如确定运动员相对位置的光学装置、多角度三维图像放映系统等，这些装置将帮助观众更好地观看比赛。

在设计中还充分考虑了环保的需要。为了减少二氧化碳的产生，在设计中减少了电的使用。利用太阳能电池提供电力。使用了新型材料，使空调和照明负荷降低了 20%~30%。另外，游泳中心消耗掉的水分将有 80% 从屋顶收集并循环使用，这样可以减弱对于供水的依赖和减少排放到下水道中的污水。系统对废热进行回收，热回收冷冻机的应用一年将节省 60 万度电。还有为建筑量身定做的现代化消防装置，比常规设施节约 74%。

在建筑节能上，水立方的设计也有独到之处。在"水立方"总共 8 万平方米的建筑面积中，3 万平方米屋顶将使雨水的收集率达到 100%，而这些雨水量相当于 100 户居民一年的用水量；在光的利用上，由于"水立方"采用了特殊的膜材料和相应的技术，使得该场馆每天能够利用自然光的时间达到了 9.9 小时,一年下来,8 万平方米的水立方将节约大量的电力资源。

科研创新是水立方建筑设计中的一大亮点,它所采用的特殊膜材料、钢结构以及室内环境设计,在奥运场馆建筑历史当中很多都是空白的。因此,科技创新成为水立方建设工作中的重头戏,经过参建各方的共同努力,"水立方"项目中经国家有关部门批准立项的科研项目达到了 10 多项。此外,水立方的建设还产生了类似项目的施工验收标准。

水立方设计注重细节,充分考虑运动员和观众需求,体现了北京奥运会"绿色奥运、科技奥运、人文奥运"的三大理念。作为奥运会的比赛场馆,国家游泳中心首先要满足奥运会期间的比赛需要。水立方的设计将尽可能地让运动员感到舒适,让观众感到舒适。而这种舒适往往来自很小的细节。水立方拥有跳水池、比赛池、热身池,这些池子的水温及其所在厅的温度没有太大的差异,这就为运动员稳定发挥创造了良好条件。此外,水立方在地面的设计上也花费了不少心思,由于比赛池和热身池中间有一定距离,运动员在这两池之间往往是赤脚往返,水立方对这段路程的地面做了特殊、细致的处理,所以"运动员走过去都很舒适",不会觉得脚凉。

水立方与鸟巢相似,也是采用了传统的防雷技术。水立方的地下及基础部分是钢筋混凝土结构,地上部分是钢网架,钢结构与钢筋混凝土结构中的钢筋通过焊接连接,共同形成了一个立方体的笼子。屋面上,镶嵌、固定一块块充气枕的是槽形的钢构件,钢构件又宽又厚,与水立方四壁的钢网架焊接为一体,支撑着整个屋顶。雷雨天气里,这些钢构件的作用更是非同小可。它们一方面作为天沟,收集、排除屋面的雨水;同时又充当了接闪器,及时将雷电流引到"笼式避雷网",保护整个建筑物的安全。这是一个非常理想的"笼式避雷网",完全依靠建筑物自身结构中的材料,无须单独架设避雷针、做引下线或接地体,屋面没有突出的避雷针或避雷带,既经济美观又安全可靠。

水立方是典型的外柔内刚。外部只看到充气薄膜,好像弱不禁风,而支撑这些薄膜的是坚实的钢结构,里面观众看台和室内建筑物为钢筋混凝土结构。水立方的墙壁和天花板由 1.2 万个承重节点连接起来的网状钢管组成,这些节点均匀地分担着建筑物的重量,使其坚固得足以经受住北京最强的地震。水立方的地下部分是钢筋混凝土结构,在浇筑混凝土的时候,在每根钢柱的位置都设置了预埋件(上部为钢块),钢结构的钢柱与这些预埋件牢固地焊接在一起,就这样,地上部分的钢结构与地下部分的钢筋混凝土结构形成了一个牢固的整体。正是靠着优越的结构形式和良好的整体性,水立方才拥有了"过硬的身体",达到了抗震8级烈度的标准。

水立方建设主要的先进节能技术包括热泵的选用、太阳能的利用、水资源综合利用、先进的采暖空调系统以及控制系统和其他节能环保技术,如采用内外墙保温,减少能量的损失;采用高效节能光源与照明控制技术等。这些新标准、新技术、新材料的采用,为我国今后建筑节能建设起到了良好的示范作用,还可进一步带动和促进我国建筑节能技术产业化的发展。

📖 **知识链接**

水立方

作为一个摹写水的建筑,水立方纷繁自由的结构形式,源自对规划体系巧妙而简单的变异,简洁纯净的体形谦虚地与宏伟的主场对话,不同气质的对比使各自的灵性得到趣味盎然的共生,椰树、沙滩、人造海浪……将奥林匹克的竞技场升华为世人心目中永远的水上乐园。

艺术殿堂国家大剧院

科普档案 ●建筑名称：国家大剧院 ●建造时间：2001～2007年 ●位置：北京天安门广场西

国家大剧院庞大的椭圆外形在长安街上显得像个"天外来客"，与周遭环境的冲突让它显得十分抢眼。这座"城市中的剧院、剧院中的城市"以一颗献给新世纪的超越想象的"湖中明珠"的奇异姿态出现。

中国国家大剧院，由法国建筑师保罗·安德鲁主持设计，设计方为法国巴黎机场公司。国家大剧院庞大的椭圆外形在长安街上显得像个"天外来客"，与周遭环境的冲突让它显得十分抢眼。这座"城市中的剧院、剧院中的城市"以一颗献给新世纪的超越想象的"湖中明珠"的奇异姿态出现。

中国国家大剧院，位于北京市中心天安门广场西，人民大会堂西侧，西长安街以南，由国家大剧院主体建筑及南北两侧的水下长廊、地下停车场、人工湖、绿地组成，占地总面积11.89万平方米，建筑面积约16.5万平方米，其中主体建筑10.5万平方米，地下附属设施6万平方米。国家大剧院工程于2001年12月13日开工，2007年9月建成。

国家大剧院建筑屋面呈半椭圆形，由具有柔和色调和光泽的钛金属覆盖，前后两侧有两个类似三角形的玻璃幕墙切面，整个建筑漂浮于人造水面之上，行人需从一条80米长的水下通道进入演出大厅。大剧院造型新颖、前卫，构思独特，是传统与现代、浪漫与现实的结合。

国家大剧院主体建筑为独特的壳体造型，高46.68米，地下最深32.50米，周长达600余米。壳体表面由18398块钛金属板和1226多块超白玻璃巧妙拼接而成，营造出舞台帷幕徐徐拉开的视觉效果。壳体周围是面积达3.55万平方米的人工湖及由大片绿植组成的文化休闲广场，不仅美化了大剧院外部景观，也体现了人与自然和谐共融的理念。

□ 国家大剧院

国家大剧院主体建筑外环绕人工湖,人工湖四周为大片绿地组成的文化休闲广场。人工湖面积达 3.55 万平方米,湖水深为 0.4 米,整个水池分为 22 格,分格设计既便于检修,又能够节约用水,还有利于安全。每一格相对独立,但外观上保持了整体的一致性。为了保证水池里的水"冬天不结冰,夏天不长藻"而采用了一套称作"中央液态冷热源环境系统控制"的水循环系统。

国家大剧院南部入口与北部入口"水下走廊"一起延伸至地下 6 米之处,观众通过水下长廊进入大剧院。北侧主入口为 80 米长的水下长廊。南侧入口和其他通道也均设在水下。观众进入大剧院时会发现他们的头顶之上是一片浅浅的水面。国家大剧院北入口与北京地铁 1 号线天安门西站相连,并有能容纳 1000 辆机动车和 1500 辆自行车的地下停车场。根据安德鲁的设计,大剧院从长安街后退了 70 米,空出的全部变成绿地。

国家大剧院主体建筑由外部围护结构和内部歌剧院、音乐厅、剧场和公共大厅及配套用房组成。在地面层坐落着三幢建筑:歌剧院、音乐厅和剧场,它们由道路区分开,彼此以悬空走道相连,恍若在水面上的地面建筑是一个巨型壳体,覆盖、庇护、包围和照亮着所有的大厅和通道。建筑物在水面中的倒影构成了大剧院的外部景观。在国家大剧院内,除了三大专业剧场和一个试验小剧场以外,还设有水下长廊、展厅、橄榄厅、图书资料中心、新闻发布厅、天台活动区、纪念品店、咖啡厅等为丰富大众文化生活而创造的活动区域,可谓是展现大剧院无限魅力的"第五空间"。徜徉其中,将会受到艺术的陶冶,获得精神上的愉悦。

国家大剧院内设有齐全的剧院配套设施,包括化妆间、练琴房、排练厅、指挥休息间、演员休息厅、演员候场区、换装间、道具间、绘景间、贵宾厅、礼仪大厅等。观众席的每个座椅下都有空调送气孔。观众在观看演出时，感受不到气流的存在，却能享受到空调带来的舒适。而且下送风设计调节的是地面以上两米高度内的空气温度，与传统中央空调调节整个剧场温度相比，不仅大大节约了能源，还不会产生中央空调的那种噪声。此外，座椅安有消声装置，即使观众中途离席折叠收椅，也不会发出声音。

国家大剧院拥有世界最大的穹顶：国家大剧院整个壳体钢结构重达6475吨，东西向长轴跨度212.2米，是目前世界上最大的穹顶；国家大剧院是北京最深的建筑：国家大剧院地下最深处为32.5米，相当于往地下挖了10层楼的深度，成为北京最深的建筑；国家大剧院拥有亚洲最大的管风琴：音乐厅内的管风琴共有6500根发音管，是亚洲最大的管风琴，造价达3000万元。

早在20世纪50年代政府对长安街的规划就设想了国家大剧院的建设，周恩来总理首次做出建设国家大剧院批示，地址"在天安门以西为好"。最后因财政原因而没有实施。

📖 **知识链接**

国家大剧院

巨大的绿色公园内，一泓碧水环绕着椭圆形的银色大剧院，钛金属板和玻璃制成的外壳与昼夜的光芒交相辉映，色调变幻莫测。歌剧院的四周是部分透明的金色网状玻璃墙，顶上是从建筑内能够看到的天空。有人将建成后的大剧院的外形形容为"一滴晶莹的水珠"。

中国的骄傲东方明珠

科普档案 ●建筑名称:东方明珠 ●建造时间:1990~1994 年 ●位置:上海浦东陆家嘴金融贸易区

> 东方明珠,全称东方明珠广播电视塔,位于上海浦东新区,与外滩的万国建筑博览群隔江相望,与左侧的南浦大桥和右边的杨浦大桥形成双龙戏珠之势,与后方的金茂大厦和环球金融中心交相辉映,展现了国际大都市的壮观景色。

东方明珠,全称东方明珠广播电视塔,曾是上海最高的建筑物,现在已被环球金融中心取代,但是东方明珠塔依然卓然秀立于陆家嘴地区现代化的建筑楼群中。东方明珠电视塔位于浦东新区内,与外滩的"万国建筑博览群"隔江相望,与左侧的南浦大桥和右边的杨浦大桥一起,形成双龙戏珠之势,与后方新耸立起的金茂大厦和环球金融中心交相辉映,展现了国际大都市的壮观景色。

东方明珠,位于中国上海浦东陆家嘴金融贸易区,高 468 米,1990 年开始建造,1994 年 11 月建成,投资总额达 8.3 亿元人民币。因有线电视的普及,原本计划以电视广播为主的东方明珠塔在建成后不久就很少再进行电视节目传送,而以旅游观光和电台广播为主。东方明珠塔集观光餐饮、购物娱乐、浦江游览、会务会展、历史陈列、旅行代理等服务功能于一身,成为上海标志性建筑和旅游热点之一。

东方明珠塔凭借其穿梭于 3 根直径 9 米的擎天立柱之中的高速电梯,以及悬空于立柱之间的世界首部 360 度全透明三轨观光电梯,让每一位游客充分领略现代技术带来的无限风光。设计者富于幻想地将 11 个大小不一、高低错落的球体从蔚蓝的天空中串联至如茵的绿色草地上,而两颗红宝石般晶莹夺目的巨大球体被高高托起浑然一体,创造了"大珠小珠落玉盘"的意境。

誉名中外的东方明珠空中旋转餐厅,坐落于上海东方明珠广播电视塔267米的球体上,是亚洲最高的旋转餐厅。其营业面积为1500平方米, 可同时容纳350位来宾用餐。它以得天独厚的景观优势、不同凡响的饮食

□东方明珠

文化、宾至如归的温馨服务,傲立于上海之巅。旋转餐厅更值得骄傲的是它的贵宾包房,布置着豪华富贵的大圆桌、高背靠椅和休闲沙发,能同时招待20位贵宾,金碧辉煌的背景灯光打在冰花玻璃上,更造就了人间仙境般的效果。宽敞明亮的落地球体玻璃窗外,浦江美景一览无余,自267米高空俯视而下,真有"会当凌绝顶,一览众山小"的豪迈感觉。每2小时旋转一圈的设计,让您全方位360度尽收申城的林立高楼、纵横大道、卧波长桥和争流百响。而夜晚灯火辉煌的申城更是流光溢彩、美不胜收,点点繁星、闪闪霓虹衬出无与伦比的浦江夜色。

上海城市历史发展陈列馆位于东方明珠塔零米大厅内,展示面积超过6000平方米,是集历史、文化、鉴赏、旅游、娱乐于一体、具有创新理念的历史陈列。徜徉历史长河、追寻海上旧梦、品味文化上海——陈列馆充分注重观赏性与参与性,采用"融物于景"的场景化展示手法,凭借其高科技的技术手段,将文物、道具、模型、音视频多媒体、声光电等表现手法融于一体:静态展示主要以蜡像人物和文物道具为主,而动态展示以实景和影视相结合,十分逼真。让人既感受到历史文化的底蕴,又领略了现代化高科技的魅力。

上海国际新闻中心坐落于巍然屹立的东方明珠塔下,是集新闻发布、观光、会展、餐饮等功能于一体的综合性新闻中心。1100平方米的新闻发布厅配置有最先进的同传、背投、音响与灯光等会务设施,可容纳800人规模的新

闻发布会或国际会议。

东方明珠塔各观光层柜台里 1000 多款造型独特、制作精美的各式旅游纪念品琳琅满目,令人目不暇接、流连忘返。东方明珠塔每年接待来自于五洲四海的中外宾客达 280 多万人次,是集观光、餐饮、购物、娱乐、游船、会展、历史陈列、广播电视发射等多功能于一体的综合性旅游文化景点。东方明珠塔业已成为上海的标志性建筑,荣列上海十大新景观之一。

东方明珠电视塔共有 3 个 360 度的主要观光层,游客尽可在不同高度欣赏都市美景。位于 350 米处的是太空舱,267 米处的是亚洲最高的旋转餐厅,263 米处的是主观光层,259 米、90 米处的是室外观光层,90 米处的下球体内有太空游乐城,位于零米大厅的是上海城市历史发展陈列馆,其中序馆为"车马春秋"、第一馆为"城厢风貌"、第二馆为"开埠掠影"、第三馆为"十里洋城"、第四馆为"海上旧影"、第五馆为"建筑博览"。"中华号"游船是东方明珠最新的、豪华的观光游船。

入夜后,遥望东方明珠塔,则是华灯齐放、色彩缤纷;而在塔上俯瞰都市夜景,更是一派流光溢彩、灯火辉煌。

知识链接

东方明珠塔

东方明珠塔集观光、餐饮、购物、娱乐、浦江游览、会务会展、历史陈列、旅行代理等服务功能于一身,成为上海标志性建筑和旅游热点之一。东方明珠塔 11 个大小不一、错落有致的球体晶莹夺目,从蔚蓝的天空串联到如茵的草地,描绘出一幅"大珠小珠落玉盘"的如梦画卷。

上海环球金融中心

科普档案 ●建筑名称:上海环球金融中心 ●建造时间:1997~2008 年 ●位置:上海陆家嘴金融贸易区

上海环球金融中心是位于中国上海陆家嘴的一栋摩天大楼，2008 年 8 月 29 日竣工。是中国目前第二高楼、世界第三高楼、世界最高的平顶式大楼，楼高 492 米，地上 101 层。

上海环球金融中心，目前为中国大陆第一高楼、世界第二高楼、世界最高的平顶式大楼，楼高 492.5 米，地上 101 层。

上海环球金融中心，是一个位于中国上海浦东新区陆家嘴金融贸易区内的一栋摩天大楼。上海环球金融中心是以日本的森大厦株式会社为中心，联合日本、美国等 40 多家企业投资兴建的项目，总投资额超过 10 亿美元。原设计高 460 米，工程地块面积为 3 万平方米，总建筑面积达 38.16 万平方米，比邻金茂大厦。1997 年年初开工后，因受亚洲金融危机的影响，工程曾一度停工，2003 年 2 月工程复工。但由于当时中国台北和香港都已在建 480 米高的摩天大厦，超过上海环球金融中心的原设计高度。由于日本方面兴建世界第一高楼的初衷不变，因此对原设计方案进行了修改。修改后的环球金融中心比原来增加 7 层，即达到地上 101 层，地下 3 层，建筑主体高度达到 492.5 米，比已建成的中国台北国际金融大厦主楼高出 12 米，楼层总面积约 37.73 万平方米。

上海环球金融中心建筑的主体是一个正方形柱体，由两个巨型拱形斜面逐渐向上缩窄于顶端交会而成，为减轻风阻，在原设计中建筑物的顶端设有一个巨型的环状圆形风洞开口，借鉴了中国庭园建筑的"月门"，后来，上海环球金融中心有限公司宣布，考虑大楼新设计增高后对于高空风阻和空气动力学的影响，将大楼顶部风洞改为倒梯形，并确定为最终设计

□ 上海环球金融中心

方案。

上海环球金融中心是以办公为主,集商贸、宾馆、观光、会议等设施于一体的综合型大厦。大楼楼层规划为地下2层至地上3层是商场,3~5层是会议设施,7~77层为办公室,其中有两个空中门厅,分别在28~29层及52~53层,79~93层是酒店,90层设有两台风阻尼器,94~100层为观光、观景设施,共有三个观景台。其中94层为"观光大厅",是一个约700平方米的展览场地及观景台,可举行不同类型的展览活动,97层为"观光天桥",在第100层又设计了一个最高的"观光天阁",长约55米,地上高达472米,超越加拿大国家电视塔的观景台,超过迪拜的迪拜塔观景台,成为世界最高的观景台。

上海环球金融中心大楼在90层设置了两台风阻尼器,各重150吨,使用感应器测出建筑物遇风的摇晃程度,及通过电脑计算以控制阻尼器移动的方向,减少大楼由于强风而引起的摇晃,而预计这两台阻尼器也将成为世界最高的自动控制阻尼器。

上海环球金融中心达到了多个世界第一:屋顶的高度世界第一:492米,超过了目前屋顶的高度世界第一的台北101大楼(480米);人可达到的高度世界第一:474米,大楼100层的观光天阁是世界上人能到达的最高观景平台;世界最高的中餐厅:416米,设在93层的中餐厅,成为全球最高的中餐厅;世界最高的游泳池:366米,设在85层的游泳池,将夺得"世界最高的游泳池"称号;世界最高的酒店:设在大楼79~93层的柏悦酒店,将成为世界最高的酒店;燃气输送至93层416米的高度,生活用水最高处在

434 米的 97 层观光天桥上,而消防用水则通过 4 节系统送至楼顶,均创下了新高。

在大楼建造之初,相关部门就拟定了与金茂大厦之间建设"天桥"的计划,原本计划以地下道方式连接,但有专家指出上海环球金融中心和金茂大厦两幢摩天大楼之间仅一条马路之隔,若再开挖地下道,则上海地面沉降的状况将变得更加严重。同时陆家嘴地区复杂的地下管线系统之间也没有容纳地下道的足够空间,所以近年来趋向于建造"陆家嘴天桥"的方案,这一方案现在已进入实际勘测阶段(目前尚未实施),也有专家表示对于天桥工程将破坏大厦景观和陆家嘴地区环境的担心。天桥建成后,如果条件允许,有关部门还想在主要建筑的二层都伸出一个"分支"连接天桥,这样的话整个天桥的形状就变成了"光芒四射的太阳"。根据远期规划,现在没有在天桥"辐射"范围内的金茂大厦也将"伸"出一只手"抓住"环球金融中心,人们可以"不下地"来往于这些大楼之间。

📖 知识链接

上海环球金融中心

上海环球金融中心不仅是金融中心,还是信息、文化汇聚并传播的中心。位于环球金融中心 29 层的环球传媒信息中心,已成为中外媒体单位提供交流合作的平台。

桥梁典范东海大桥

科普档案 ●名称:东海大桥　　　　●位置:上海浦东芦潮港直达浙江嵊泗县小洋山岛

　　东海大桥,是中国第一座真正意义上的跨海大桥,是目前世界上最长的外海跨海大桥。东海大桥创造了许多中国第一和世界之最的奇迹,成为中国桥梁科技飞跃的一座新的里程碑。

　　东海大桥,位于杭州湾口东北部,舟山群岛西侧,起始于上海浦东南汇区的芦潮港,跨越杭州湾北部海域,直达浙江嵊泗县小洋山岛。气势恢宏的东海大桥,一头挑起"东海明珠"的洋山岛,一头连接上海南汇区的海港新城和物流园区。东海大桥是上海国际航运中心深水港工程的一个组成部分,被上海市政府列为"一号工程"。

　　东海大桥工程是上海国际航运中心洋山深水港区一期工程的重要配

□东海大桥

□东海大桥

套工程,为洋山深水港区集装箱陆路集疏运和供水、供电、通信等需求提供服务。东海大桥工程 2002 年 6 月正式开工建设,历经 35 个月的艰苦施工,于 2005 年 5 月实现结构贯通。大桥按双向六车道加紧急停车带的高速公路标准设计,桥宽 31.5 米,分上、下行双幅桥面,设计车速每小时 80 千米,设计荷载按集装箱重车密排进行校验,可抗 12 级台风、七级烈度的地震。全桥设 5000 吨级主通航孔一处,通航净高 40 米,净宽 400 米,桥墩按万吨级防撞能力设计;设 1000 吨级辅通航孔一处,通航净高 25 米,净宽 140 米;设 500 吨级辅通航孔两处,通航净高 17.5 米,净宽分别为 120 米和 160 米。大桥能满足 2020 年洋山港区集装箱陆路集疏运需求。东海大桥的设计基准期为 100 年。大桥的最大主航通孔,离海面净高达 40 米,相当于 10 层楼高,可满足万吨级货轮的通航要求。

东海大桥可分为八个部分,即路桥连接段、陆上段、浅海段、非通航孔基础段、非通航孔段、主通航孔、辅通航孔和港桥连接段,其中港桥连接段又分为开山路段、海堤段和颗珠山大桥三部分。

东海大桥,与海天共一色,是一座以新的理念、新的技术、新的工艺建设的以蓝色为基调的大桥。东海大桥,浓缩科技精华。建设东海大桥缺少现成的海上桥梁施工规范与工艺标准,科技人员经过科技攻关解决了海上大桥的防腐、超大体积混凝土箱梁预制和吊装、全球卫星定位系统定位打桩等一系列难题。

东海大桥，两座高 159 米的主塔耸立在海中，呈雄伟的"人"字形。主塔创造了海上大体积混凝土浇筑的国内最新纪录，并成功地经受了"蒲公英""云娜"两次大台风的袭扰。主塔支撑 192 根极长的钢缆如同有力的臂膀，拉起了桥面。

东海大桥的建成通车，为洋山深水港建成开港，加快上海国际航运中心的建设奠定了基础。东海大桥是上海市跨越杭州湾北部海域通往洋山深水港的跨海长桥，它以"东海长虹"为创意理念，宛如我国东海上的一道亮丽的彩虹。大桥色彩是大桥外观形象及展示桥梁个性的直接表现，采用白色、浅灰色作为大桥的主色调，使其与环境和谐统一。目前，世界上在外海已经建成的跨海大桥最长的也只有 16 千米，而东海大桥建设总长 32.5 千米，是名副其实的"世界之桥"。

知识链接

东海大桥

东海大桥是中国第一座真正意义上的跨海大桥，全长 31 千米，是上海洋山深水港工程的重要组成部分，全部工程由中国自行设计建设。东海大桥的建成，为洋山深水港提供了唯一的陆上通道，体现了当代中国的桥梁建设水平，为我国外海大桥建设积累了经验，谱写了特大型跨海桥梁建设的新篇章。

未来建筑猜想

□独具匠心的建筑奇葩

第**3**章

人类的梦想绿色建筑

科普档案 ●**建筑种类**:绿色建筑　●**设计理念**:节约能源、资源,回归自然

> 绿色建筑,是指为人们提供健康、舒适、安全的居住、工作和活动的空间,同时在建筑全生命周期中实现高效率地利用资源、最低限度地影响环境的建筑物。

所谓绿色建筑,是指为人们提供健康、舒适、安全的居住、工作和活动的空间,同时在建筑全生命周期中实现高效率地利用资源、最低限度地影响环境的建筑物。绿色建筑代表一种概念或象征,又可称为可持续发展建筑、回归大自然建筑、节能环保建筑等。

绿色建筑的室内布局十分合理,尽量减少使用合成材料,充分利用阳光,节省能源,为居住者创造一种接近自然的感觉。以人、建筑和自然环境的协调发展为目标,在利用天然条件和人工手段创造良好、健康的居住环境的同时,尽可能地控制和减少对自然环境的使用和破坏,充分体现向大自然的索取和回报之间的平衡。绿色建筑的基本内涵可归纳为:减轻建筑对环境的负荷,即节约能源及资源;提供安全、健康、舒适性良好的生活空间;与自然环境亲和,做到人及建筑与环境的和谐共处、永续发展。

绿色建筑设计理念包括:节约能源,充分利用太阳能,采用节能的建筑围护结构以及采暖和空调,减少采暖和空调的

□有机住宅

使用。根据自然通风的原理设置风冷系统，使建筑能够有效地利用夏季的主导风向。建筑采用适应当地气候条件的平面形式及总体布局；节约资源，在建筑设计、建造和建筑材料的选择中，均考虑资源的合理使用和处置。要减少资源的使用，力求使资源可再生利用；节约水资源，包括绿化的节约用水；回归自然，绿色建筑外部要强调与周边环境相融合，和谐一致、动静互补，做到保护自然生态环境；舒适和健康的生活环境，建筑内部不使用对人体有害的建筑材料和装修材料。室内空气清新，温、湿度适当，使居住者感觉良好，身心健康。

绿色建筑的建造特点包括：对建筑的地理条件有明确的要求，土壤中不存在有毒、有害物质，地温适宜，地下水纯净，地磁适中。绿色建筑应尽量采用天然材料。建筑中采用的木材、树皮、竹材、石块、石灰、油漆等，要经过检验处理，确保对人体无害。绿色建筑还要根据地理条件，设置太阳能采暖、热水、发电及风力发电装置，以充分利用环境提供的天然可再生能源。

随着全球气候的变暖，世界各国对建筑节能的关注程度日益增加。人们越来越认识到，建筑使用能源所产生的二氧化碳是造成气候变暖的主要原因。节能建筑成为建筑发展的必然趋势，绿色建筑也应运而生。

绿色建筑是追求自然、建筑和人三者之间和谐统一，并且符合可持续发展要求的建筑，其核心内容是尽量减少能源、资源消耗，减少对环境的破坏，并尽可能采用有利于提高居住品质的新技术、新材料。

📖 **知识链接**

推进绿色建筑发展

推进绿色建筑发展，要大力宣传在建筑领域推进可持续发展的必要性，增强危机意识。要针对有关建筑用的不同资源，制定分步的节约、代用、再生利用的实施目标和技术措施。加大研究开发力度，调动各方面的积极性，解决推进绿色建筑所需的单项和综合技术及其生产、工程应用问题，为发展绿色建筑提供技术保障。

建筑发展方向生态建筑

科普档案 ●建筑种类：生态建筑　　●设计准则：能处理好人、建筑、自然三者之间的关系

生态建筑，是根据当地的自然生态环境，运用生态学、建筑技术科学的基本原理和现代科学技术手段等，合理安排并组织建筑与其他相关因素之间的关系，使建筑和环境之间成为一个有机的结合体。

生态建筑具有良好的室内气候条件和较强的生物气候调节能力，以满足人们居住生活环境的舒适，使人、建筑与自然生态环境之间形成一个良性循环系统。

生态建筑，是指具备了生态性质，适应自然生态良性循环基本规律的一类建筑。它是以生态原则为指针，以生态环境和自然条件为价值取向所进行的一种既能获得社会经济效益，又能促进生态环境保护的边缘生态工程和建筑形式。

当今世界，人口剧增、资源锐减、生态失衡，环境遭到严重破坏，人类生存和发展与全球的环境问题愈演愈烈，生态危机几乎到了一触即发的程度。在严峻的现实面前，人们不得不重新审视和评判我们现时正奉为信条的城市发展观和价值系统。

为了建筑、城市、景观环境的"可持续"，建筑学、城市规划学、景观建筑学学科开始了可持续人类聚居环境建设的思考。许多有识之士逐渐认识到人类本身是自然系统的一部分，它与其支撑的环境休戚相关。在城市发展和建设的过程中，必须优先考虑生态问题，并将其置于与经济和社会发展同等重要的地位上；同时，还要进一步高瞻远瞩，通盘考虑有限资源的合理利用问题，即我们今天的发展应该是"满足当前的需要又不削弱子孙后代满足其需要能力的发展"。这就是1992年联合国环境和发展大会《里约热

内卢宣言》提出的可持续发展思想的基本内涵,它是人类社会的共同选择,也是我们一切行为的准则。建筑及其建成环境在人类对自然环境的影响方面扮演着重要角色,因

□生态建筑

此,符合可持续发展原理的设计需要对资源和能源的使用效率、对健康的影响、对材料的选择等方面进行综合思考,从而使其满足可持续发展原则的要求。近几年提出的生态建筑及生态城市的建设理论,就是以自然生态原则为依据,探索人、建筑、自然三者之间的关系,为人类塑造一个最为舒适合理且能可持续发展的环境理论。生态建筑是21世纪建筑设计发展的方向。

生态建筑涉及的面很广,是多学科、多工种的交叉,是一门综合性的系统工程,它需要整个社会的重视与参与。它是将人类社会与自然界之间的平衡互动作为发展的基点,将人作为自然的一员来重新认识和界定自己及其人为环境在世界中的位置。生态建筑不是仅靠几位建筑师就可实现的,更不是一朝一夕就能完成的,它代表了新世纪的方向,是建筑师应该为之奋斗的目标。一般来讲,生态是指人与自然的关系,那么生态建筑就应该处理好人、建筑和自然三者之间的关系,它既要为人创造一个舒适的空间小环境;同时又要保护好周围的大环境——自然环境。这其中,前者主要指对自然资源的少费多用,包括节约土地,在能源和材料的选择上,贯彻减少使用、重复使用、循环使用以及用可再生资源替代不可再生资源等原则。后者主要是减少排放和妥善处理有害废弃物(包括固体垃圾、污水、有害气体)以及减少光污染、声污染,等等。对小环境的保护则体现在从建筑物的建

123

造、使用，直至寿命终结后的全过程。以建筑设计为着眼点，生态建筑主要表现为：利用太阳能等可再生能源，注重自然通风，自然采光与遮阴，为改善小气候采用多种绿化方式，为增强空间适应性采用大跨度轻型结构，水的循环利用，垃圾分类、处理以及充分利用建筑废弃物等。仅以上几个方面就可以看出，不论哪方面都需要多工种的配合，需要结构、设备、园林等工种，建筑物理、建筑材料等学科的通力协作才能得以实现。这其中建筑师起着统领作用，建筑师必须以生态的观念、整合的观念，从整体上进行构思。

生态建筑所包含的生态观、有机结合观、地域与本土观、回归自然观等，都是可持续发展建筑的理论建构部分，也是环境价值观的重要组成部分，因此生态建筑其实也是绿色建筑，生态技术手段也属于绿色技术的范畴。

📖 **知识链接**

生态建筑

所谓生态建筑，是指充分利用自然资源，并以不破坏环境基本生态平衡为目的而建造的建筑物。生态建筑无疑是解决经济发展与环境污染矛盾的有效方法，同时还具有良好的室内气候条件和较强的生物气候调节能力。

未来建筑标志智能建筑

科普档案 ●**建筑种类**:智能建筑 ●**系统组成**:楼宇自动化系统、办公自动化系统和通信自动化系统

智能建筑,以建筑物为平台,兼备信息设施系统、信息化应用系统、建筑设备管理系统、公共安全系统等,集结构、系统、服务、管理及其优化组合为一体,向人们提供安全、高效、便捷、节能、环保、健康的建筑环境。

智能建筑的概念,在20世纪末诞生于美国。第一幢智能大厦于1984年在美国哈特福德市建成。中国于20世纪90年代才起步,但迅猛发展的势头令世人瞩目。智能建筑是信息时代的必然产物,建筑物智能化程度随科学技术的发展而逐步提高。当今世界科学技术发展的主要标志是4C技术(即计算机技术、控制技术、通信技术、图形显示技术)。将4C技术综合应用于建筑物之中,在建筑物内建立一个计算机综合网络,可使建筑物智能化。4C技术仅仅是智能建筑的结构化和系统化。

智能建筑通过对建筑物的4个基本要素,即结构、系统、服务和管理以及它们之间的内在联系,以最优化的设计,提供一个投资合理又拥有高效率的幽雅舒适、便利快捷、高度安全的环境空间。智能建筑能够帮助大厦的主人,财产的管理者和拥有者等意识到,他们在诸如费用开支、生活舒适、商务活动和人身安全等方面得到最大利益的回报。建筑智能化结构由三大系统组成:楼宇自动化系统、办公自动化系统和通信自动化系统。

智能建筑,将是人类创造更多物质财富和提高生活质量的基础设施。人类社会经历了农业社会和工业社会,现在知识经济社会正初露端倪。在农业社会,人类的生产以农场工作为主;工业社会,则以工厂为主;而在知识经济社会,重要生产场所将过渡到智能建筑之中。今后建筑科技的发展,

□ 智能建筑

将进一步围绕保护环境,节省资源,降低能耗,改善人类社会生产、生活条件,努力开发应用高新技术建设智能、节能、生态、太阳能等各种新型建筑,充分满足社会的需求。

未来智能建筑的发展趋势是:在发展单幢办公楼综合智能化大楼的基础上,向各类智能建筑发展,如工厂、医院、宾馆、学校、政府办公楼等建筑;发展大范围建筑群和建筑区的综合智能化社区, 或形成建筑智能化市场;在综合智能化社区的基础上,通过社区间广域通信网络、通信管理中心,继而发展智能化城市,即信息化城市和信息化社会。

未来的智能建筑和智能住宅小区将与信息产业相互促进发展,共存共荣,围绕人们生产、生活的综合信息服务将融入社会各个角落。一些人群的工作办公与家居生活环境的界限壁垒将被打破,人与人之间的距离会拉得很近,会实现零时间、零距离的交流,人们的生活观念和生活方式将发生根本性的改变,信息的传输交流多表现为以高速、宽带和图像为主。在现有智能建筑和智能化住宅小区的基础上将进一步丰富智能化内容,充分利用通信网络、有线电视网络和其他通信网络发展社区以使城市智能化,全社会的综合信息服务网络十分发达。智能建筑、智能小区的提法将逐步淡化，未来21世纪提供给人们的信息网络上的站点——智能建筑最终产品，是真正意义上的具有个性化的安全、舒适、便捷、快速、节能、增值，可改造的工作、学习、生活空间，是信息高速公路的节点。

　　智能建筑是当代科学技术发展的必然产物，尤其是20世纪末，信息科学技术及电子计算机的发展，成为智能建筑产生与发展的重要支柱。建筑业从未经历过像今天这样的重大冲击，可以预见智能建筑将成为建筑革命的先声，成为21世纪的重要产业部门，并进而带动其他行业的发展，乃至成为一个国家科学技术与文化发展水平的重要标志，也是未来建筑的重要标志。

知识链接

智能建筑

　　智能建筑是智能建筑技术和新兴信息技术相结合的产物。智能建筑利用系统集成的方法，将智能型计算机技术、通信技术、信息技术与建筑艺术有机地结合，通过对设备的自动监控，对信息资源的管理和对使用者的信息服务及其功能与建筑的优化组合，所获得的投资合理，适合信息社会需要，并且具有安全、高效、舒适、便利和灵活特点的建筑物。智能建筑已经成为建筑行业和信息技术共同关心的新领域。

前景广阔的太阳能建筑

太阳能建筑，就是经过良好设计，达到优化利用太阳能的建筑。太阳能建筑，即用太阳能代替部分常规能源为建筑物提供采暖、热水、空调、照明、通风、动力等一系列功能，以满足或部分满足人们的生活和生产的需要。

太阳能建筑对太阳能的应用包括了被动应用、主动应用和综合应用等多种途径。被动应用是一种完全通过建筑朝向和周围环境的合理布置、内部空间外部形体的巧妙处理以及材料、结构的恰当选择，集取、蓄存、分配太阳热能的建筑。其工作机理主要是"温室效应"，如被动式太阳房等。主动应用即全部或部分应用太阳能光电和光热新技术为建筑提供能源。如太阳能采暖系统，由太阳集热器，管道、风机或泵、散热器及贮热装置等组成；太阳能空调系统，目前采用太阳能溴化锂吸收式空调系统为建筑制冷；太阳能热水系统，应用太阳能集热器组成集中式或分户式太阳能热水系统为用户提供生活热水；太阳能光电系统，应用太阳能光伏电池、蓄电、逆变、控制、并网等设备构成太阳能光电系统。综合应用即从建筑保温隔热材料的开发、自然采光通风功能的实现、太阳能光热光伏技术的应用到遮阳、光影和舒适环境的创造，全方位地、综合地对太阳能资源进行应用。

世界上许多建筑学家能巧妙地利用太阳能建造太阳能建筑。美国建筑专家发明太阳能墙，是在建筑物的墙体外侧装一层薄薄的黑色打孔铝

□太阳能建筑

板,能吸收照射到墙体上的80%的太阳能量。德国科学家发明了两种采用光热调节的玻璃窗。一种是太阳能温度调节系统,白天采集建筑物窗玻璃表面的太阳能,然后把这种太阳能传递到墙和地板的空间存储,到了晚上再放出来;另一种是自动调整进入房间的阳光量,如同变色太阳镜一样,根据房间设定的温度,窗玻璃变成透明或是不透明。在日本,一个装有100多平方米太阳能屋顶的家庭,就相当于拥有了一套3.7千瓦功率的发电机。这样的家庭装有两个电表,白天太阳能屋顶发电,除了供自家使用,多余的电输送给大电网;晚上家里的各种电器启动,电网向家庭供电。德国建筑师塞多·特霍尔斯建造了一座能在基座上转动跟踪阳光的太阳能房屋。该房屋在环形轨道上以每分钟转动3厘米的速度随太阳旋转。这个跟踪太阳的系统所消耗的电力仅为该房太阳能发电功率的1%,而该房太阳能发电量相当于一般不能转动的太阳能房屋的两倍。

太阳能建筑具有开源节流的特点,集成了太阳能光伏发电、太阳能采暖、太阳能制冷空调、太阳能通风降温、可控自然采光等新技术,能与浅层地能、风能、生物质能以及其他低品位能等广义太阳能技术结合,属于科技含量高、资源消耗低、环境负荷小的适宜建筑技术,因此,太阳能建筑是未来建筑发展的理念之一。

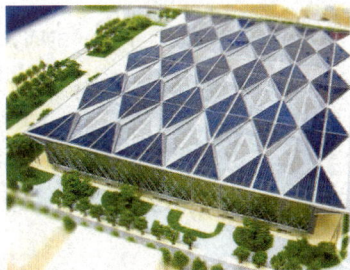

📖 知识链接

太阳能建筑

太阳能建筑中除了利用太阳能光热、光伏技术提供稳定的生活热水、采暖制冷以及电力供应外,生物质能、风能、浅层地热、地表水热、空气热等可再生能源的应用也扩大了太阳能建筑的范畴。

未来建筑设计趋势

科普档案 ●**建筑猜想:** 未来建筑趋势 ●**特点:** 风格多样,回归自然,整体艺术化,高度现代化,服务方便化等

　　新世纪是一个注重生态、环保、追求人与自然科学整体协调发展的社会。顺应时代,新时代建筑的新特点、新模式,也将努力做到以人为本,回归自然,高度现代化、科技化。

　　建筑作为人类的基本生产、生活资料之一,其发展趋势是随着社会、环境、经济与科技的变化而不断发展的,并且具有同步一致性的特征。未来建筑设计发展将呈现出自己独有的特点。

　　建筑设计的风格多样化。信息化社会的到来,社会的更加民主化,物质财富的极大丰富,加之受当代流行艺术思潮的影响,对于不同职业、不同文化背景、不同年龄层次的人来说,有着不同的生活习惯、兴趣爱好、思维方式和价值取向,建筑风格的多样化必将成为当今和未来建筑发展的方向。

　　建筑设计的回归自然化。随着环境保护意识的增长,人们向往自然,用自然材料,渴望住在天然绿色环境中。北欧的斯堪的纳维亚设计的流派由此兴起,对世界各国影响很大,在住宅中创造田园的舒适气氛,强调自然色彩和天然材料的应用,采用许多民间艺术手法和风格。在此基础上设计师不断在"回归自然"上下工夫,创造新的肌理效果,运用具象的、抽象的设计手法来使人们联想自然。

　　建筑设计的整体艺术化。随着社会物质财富的丰富,人们要求从"物的堆积"中解放出来,要求室内各种物件之间存在统一、整体之美。室内环境设计是整体艺术,它应是空间、形体、色彩以及虚实关系的把握,功能组合关系的把握,意境创造的把握以及与周围环境的关系协调。许多成功的建筑设计实例都是艺术上强调整体统一的作品。

□ 未来建筑设计的风格多样化

建筑设计的高度现代化。随着科学技术的发展，在建筑设计中将采用一切现代科技手段，设计中达到最佳声、光、色、形的匹配效果，实现高速度、高效率、高功能，创造出理想的值得人们赞叹的空间环境来。

建筑设计的个性化。大工业化生产给社会留下了千篇一律的同一化问题：相同楼房，相同房间，相同的室内设备。为了打破同一化，人们追求个性化。一种设计手法是把自然引进室内，室内外通透或连成一片。另一种设计手法是打破水泥方盒子，斜面、斜线或曲线装饰，以此来打破水平垂直线求得变化。还可以利用色彩、图画、图案，利用玻璃镜面的反射来扩展空间，等等，打破千人一面的冷漠感，通过精心设计，给每个家庭居室以个性化的特性。

建筑设计的服务方便化。城市人口集中，为了高效方便，国外十分重视发展现代化服务设施。在日本采用高科技成果发展城乡自动服务设施，自动售货设备越来越多。交通系统中电脑问询、解答、向导系统的使用，自动售票检票、自动开启、关闭进出站口通道等设施，给人们带来高效率和方便，从而使建筑设计更强调"人"这个主体，让消费者满意，以方便为目的。

建筑设计的抽象简明化。其实生活的本质再简明不过，建筑的本质也非常清晰，生活建筑的宣言是：反唯美，反装修，反"庸俗化功能主义"，反苦涩，反诡辩文章。对建筑空间过分地"设计"往往会将使用主体——人的感觉吞没。建筑是给人使用的空间，而不是"展示"的空间。德国现代主义建筑大师密斯曾说过一句经典名言："少即是多。"他提倡设计的理性化、注重功能化、反对装饰，主张形式的简洁纯粹和平实。抽象简明的设计观正是对大师这一理念的传承和体现，是一种易求不易得的建筑风格。成功的简明设计是有理性的，它注重空间功能的多重性，空间的流畅、简洁与概括，对室内外的装饰物的选择很有分寸，尽量精减，在设计中会留下足够的"灰空间"，满足了人对空间的潜在需求，让人产生无限的遐思。

建筑设计的绿色环保化。20世纪后半期以来，随着人类对地球环境资源的无度索取导致了许多区域环境的生态系统失衡，人类生存的环境日益恶化，这直接威胁着人类自身的生活质量和生存环境。正是在这种形势下，全球范围内的环境保护运动蓬勃发展，人与自然和谐共处的"绿色革命"风靡全球，"生态城市""生态建筑""生态家居"也应时代潮流被提了出来。其实"生态"所包含的理念并不新鲜，因为从人类原始的简单遮蔽物到现代的高楼大厦，都或多或少蕴涵着朴素的生态思想。绿色环保概念是设计师和业主所应有的积极态度和社会职责，它必将会随着人类观念的进步和技术的发展具有广阔的前景。

建筑设计的高科技化。随着科技前所未有的高速发展和计算机网络技术的广泛应用，人类依托建筑、对于生活与工作的许多梦想和蓝图现已逐渐变成了现实。

新世纪是一个注重生态、环保，追求人与自然科学整体协调发展的社会。传统的粗放型工业生产对城市和自然造成的环境污染、生态恶化的负面影响正在逐步地得到遏制。未来的工业生产必须在生态环保方面加大力度，依靠科技进步的力量，采用先进的技术措施，达到既能保证生产，又具有自净能力，杜绝废气、废料、有害化学物质对城市空气水源、土壤、生物造成的环境污染。同时，尽可能利用工业生产中产生的余热，对于可重复利用的废料实现循环利用，降低能源、资源的消耗。其中的环保措施如净化回收装置、空调洁净设施、采热利用设备等。在国外，一些工厂在保护自然，创造健康的工作环境方面做出了很好的表率，生态环保意识不仅体现在建造阶段，而且体现在产品生产过程中，如生产中只能用生态的被降解的原料，而最后的产品也要尽可能是再生产的，从而将生产带来的负面影响力降到最小限度。未来的工业生产对生产工艺、工人专业技能、生产环境、企业管理等方面都提出了更严格的要求。其中，室内的恒温、恒湿、洁净、照明、防火、保安等方面需要先进的技术措施加以管理。现在，这些方面已开始逐步实现智能化管理和监控，对供暖、空调、供电等设备专业的设计提出了更高的要求。也只有这样，才能保证生产的安全、高效、高质量，才能使产品更具有市场竞争力，企业才更具有发展前途。网络化、信息化时代的到来，对传统的工业建筑设计观念提出了挑战。顺应时代，研究新时代工业建筑的新特点、新模式，努力做到以人为本，创造具有时代精神、人文关怀的工业建筑形象，是我们当代建筑师的历史责任。我们相信，工业建筑一定会在有着高科技、多样化、个性化的时代，重新绽放异彩，为城市景观增辉添彩。

📖 **知识链接**

21世纪建筑设计的发展

对于建筑设计的发展来说，21世纪是讲求个性、丰富多彩的时代，也是人们对自己的生存环境多了一些忧患意识、多了一些理性思考和关注的时代。随着科技和信息的高速发展，生态与环保主题仍然是不可动摇的话题，而复古、浪漫、简明的情怀与高科技的应用成为新时期创作的热点，这些都主导了未来建筑设计的灵感来源。

未来建筑节能猜想

科普档案 ●**建筑猜想**:建筑节能 ●**包含内容**:节能型住宅,节能环保玻璃,节能环保外墙涂料等

能源是人类生活必不可少的物质基础,能源问题是当代举世瞩目的大问题。世界能源紧张,供需矛盾突出,形势严峻。解决能源问题必须坚持开源与节流并重的方针,加强能源管理,提高能源利用率,把能源消耗降到最低。

猜想一:下水道发电机。未来,科学家将发明一种在下水道中使用的发电机。这种发电机小巧轻便,专门放置在下水道中,用来收集下水道中污水冲击的能量,从而推动发电机发电。下水道的水能丰富,这种小型发电机具有很大的开发潜能,应用广泛,可以大大节约能源、创造能源。

猜想二:使用自动节能的家用电器。未来,家用电器上都将安装能源使用分析模块。这些智能家用电器可以根据季节特点、环境温度以及每个家庭的具体情况来自动控制家用电器的运行模式,杜绝待机耗电、过度使用等情况发生,并有效地避免人工控制节能的不稳定性。

猜想三:建造节能型住宅。未来,特殊纳米材料将被广泛用于建造住宅。采用特殊纳米材料建造的外墙能起到调节室内温度的作用,从而减少空调的使用。住宅的屋顶铺设太阳能电池板,可将太阳能转化为电能供各类家用电器使用,多余的电能还可以销售给电力公司。

猜想四:改进热水供应系统。目前,任何一个家庭或宾馆,每年都要因为等待热水流到厨房或浴室的水龙头或水槽而浪费大量的水和电。随着人们所购买的房子越来越大、宾馆越建越大,以及所用水管的直径越来越大,水电的浪费问题也越来越严重。因此,我们可以在原有的管道系统中,加装水泵及相关设备,加快热水的流动速度,从而节水节电。

猜想五:穿上空调服。目前,在炎热的夏天,由于空调的大量使用,城市

电网往往不堪重负。未来，人们将穿着用特殊材料制成的空调服，从而减少使用室内空调。这种空调服利用太阳能发电来工作，可以自动将人体周围的温度调节到适宜的温度。如果每个人都穿上这样的衣服，室内的空调就不再需要长时间使用了，从而节约大量电能。

□未来建筑节能是发展方向

猜想六：安装节能环保玻璃。未来，居住在繁华市区的人们将不会再被来自马路上喧嚣的噪声所困扰，因为每家每户的窗户上都安装了一种节能环保的玻璃。这种玻璃由一种新型的环保材料制成，可以利用声波发电并将电能储存起来。到了晚上，这些电能可以用来照明或取暖。这样，既节约了能源，又屏蔽了烦人的噪声，可谓一举两得。

猜想七：安装节能警示器。未来，科学家将发明一种节能警示器。这种装置可以对能源的使用量进行监测，并将数据传输给内置计算机。计算机经过分析，发现能源使用量超标时便会发出警示音，并能及时提示主人。它帮助人们从源头上节能，从生活小事中节能。例如，粗心的主人若忘记拔下电源插头，节能警示器会警示主人，防止电能白白浪费。总之，这种装置可以调动全民在生活中随时节约能源，使每个人都参与到节能行动中来。

猜想八：新奇的节能环保外墙涂料。未来，科学家将开发出一种特殊的外墙涂料。它具有高附着性、超强吸水性、防渗、抗酸碱等特点。各种专门培育的转基因植物可在其上繁茂生长，收获的果实可用于生产生物燃油、洗涤用品等。同时，这种涂料能起到保护墙面、隔热保温、绿化家园的作用。生活在这样的"城市森林"中将多么惬意！

猜想九：人造发电树。人造发电树作为城市的照明设备，集太阳能发电、风能发电、雨水发电于一身,无论晴天、雨天都能提供足够的电能,同时自带节能灯。人造发电树的每一片"叶子"都是一块太阳能电池板,并且仿照树木的外形,最大限度地接收太阳能。其"枝干"上装有风能发电装置,各个装置错落有序地排列,以尽可能多地利用风能。发电树的"树冠"下是一个集雨罩,雨水集满后"树干"上的阀门自动开启,雨水沿"树干"向下倾泻,推动发电机的叶轮转动而发电。大量种植这种发电树,既可以美化城市,又可以在能源自给自足的前提下提供城市照明。

猜想十:节能从住行开始。建筑和交通领域是当今用能大户,也必将成为未来节能创新的主战场。在建筑领域,人们将为每一座新建的大楼"量身定做"一套智能化的节能控制系统。该系统承担着整座大楼能源调节和控制功能,实时接收大楼内温度、湿度、亮度等相关数据,自动调节大楼照明系统、空调系统的工作状态,使整座大楼的能耗始终保持在最经济的状态,从而达到节能的目的。在交通领域,汽车将朝着小排量、轻型化的方向发展,质量轻、强度高的复合材料将逐步取代钢板成为汽车车身的主要材料,从而大大减轻车身的质量,降低汽车行驶中的油耗,节约能源。

📖 知识链接

建筑节能

建筑节能是一个关乎国计民生的大问题,是节约能源的一个重要组成部分。要想把建筑节能长期有效地搞下去,就必须让整个社会都重视起来,这样建筑节能事业才会有希望,才会有长足的进步。

未来的摩天大楼

科普档案 ●建筑猜想:未来摩天大楼　　　●特点:设计超前,结构环保,高度高等

　　环顾全球,建筑师们纷纷提出各自宏伟的建筑工程设计计划,向迪拜塔的纪录发起有力的挑战,他们中有的追求高度,有的追求风格,有的注重环保,但这些建筑有一个共同的特点,就是外观新颖、别致,让人过目不忘。

　　迪拜塔是世界建筑上的一个传奇。十几年前,迪拜还是中东地区一个貌不惊人的城市,但现在已经成为世界瞩目的中心,被誉为"梦幻城市"。"世界第一高度""世界上最大的购物中心""世界上最豪华的地铁",关于迪拜的新闻频频见诸报端。

　　"世界第一高度"——迪拜塔,是位于阿拉伯联合酋长国的迪拜的一栋已经建成的摩天大楼,是目前世界第一高楼与建筑,建筑高度为828米,可使用楼层为162层。

　　然而,世界第一高度的争夺异常惨烈,迪拜塔尚未竣工,其他城市已经跃跃欲试,计划打造世界新高度。环顾全球,建筑师们纷纷提出各自宏伟的建筑工程设计计划,向迪拜塔的纪录发起有力的挑战,他们中有的追求高度,有的追求风格,有的注重环保,但这些建筑有一个共同的特点,就是外观新颖、别致,让人过目不忘。以下是在建或即将开工的十座最具特色的摩天大楼。它们设计超前,结构环保,弥补了高度上的不足。

　　一、上海塔

　　上海塔,位于中国上海市,设计者为 GENSLER 建筑设计事务所,设计高度为632米。上海塔有一帮备受全球关注的"好邻居",它紧挨高492.5米的上海环球金融中心。上海环球金融中心是中国第二高的已竣工的摩天大楼,仅次于台北101大厦,后者的高度约合为508米。另外,上海塔还毗邻

□芝加哥螺旋塔

高达约 421 米的金茂大厦,金茂大厦是世界上第五高的建筑。上海塔的高度约合为 632 米,超过上述三座摩天大楼。上海塔和身边的两栋摩天大楼都位于浦东陆家嘴金融区。实际上,从 1993 年开始,它们的建设就已摆到决策层的桌面上了,按照当时的规划,陆家嘴将建设 3 幢超高层的标志性建筑,形成"品"字形的三足鼎立之势。在 GENSLER 建筑设计事务所的设计中标后,上海塔将从环球金融中心中吸取一些美学经验。同芝加哥螺旋塔一样,上海塔的外立面也可变化,顶部可以相对于底部顺时针旋转 90 度。

二、芝加哥螺旋塔

芝加哥螺旋塔,位于美国伊利诺伊州芝加哥市,设计者为圣地亚哥·卡拉特拉瓦,设计高度为 610 米。从 1973 年至今,高 527 米的芝加哥希尔斯大厦一直独享北美地区第一高楼的头衔。然而,在设计环保的芝加哥螺旋塔竣工后,它将以 83 米之差将这一头衔拱手让出。芝加哥螺旋塔的设计师是著名建筑师圣地亚哥·卡拉特拉瓦,2004 年雅典奥运会主场馆和瑞典 HSB 旋转中心都出自这位建筑大师之手。卡拉特拉瓦的目标是给芝加哥这座城市夺回一座奖杯:国际绿色建筑认证"领先能源与环境设计"金奖。"领先能源与环境设计"证书是美国绿色建筑委员会制定的北美标准,主要衡量建筑的可持续性和设计中的生态方法。为了实现这一既定的金奖目标,芝加哥螺旋塔具有一系列深受"大地之母"赞赏的特点:循环雨水用以浇灌景观,利用河水去帮助保持大楼凉爽,可容纳数百辆自行车的空间,驱赶候鸟的特制玻璃;规划中的公园区和地下停车场,由于它们不必使用空调,因此可以节省能源。芝加哥螺旋塔可以使大楼外立面旋转 360 度,令其成为世界上一座独特的摩天大楼。

三、联邦大厦

联邦大厦,位于俄罗斯首都莫斯科市,设计者为 NPS Tchoban Voss 建筑设计公司,设计高度为 506 米。莫斯科联邦大厦独特的外形是根据船的风帆设计的。事实上,它由两座塔楼组成,即 506 米高的东塔楼和 242 米高的西塔楼,几条通道将它们连了起来。东塔楼将用做办公场所,西塔楼将用做酒店和公寓,两个塔楼的顶部均设有 360 度观景台。联邦大厦距离克里姆林宫不到 4 千米,竣工后将成为全欧洲最高的建筑。

四、国际贸易广场

国际贸易广场,位于中国香港西九龙,设计者为 KPF 建筑师事务所,设计高度为 490 米。香港国际贸易广场最早的设计方案,楼高近 579 米,后来被迫降至 490 米。尽管如此,国际贸易广场建成后仍将是香港最高的建筑。大楼地下的购物商场已经投入使用。一旦工程全部竣工,它还将用做办公大楼和饭店。届时,丽嘉酒店将在国际贸易广场地上 427 米处的大厅开门营业,由此会成为世界上最高的酒店。

五、广州电视观光塔

广州电视观光塔,位于中国广州市,设计者为 Information Based 建筑设计公司,设计高度为 454 米。广州电视观光塔是在以鸟巢为代表的中国建设浪潮的大背景下诞生的。如果从底部到针状物计算,广州电视观光塔的高度估计在 610 米,令其成为世界上第三高的建筑,仅次于迪

□广州电视观光塔

拜塔和美国北达科他州 KVLY-TV 电视发射塔。广州电视观光塔是双曲面结构,意即它通过其外形构成结构的完整性,正如高架渠或桥梁拱顶的作用一样。大楼中间和屋顶有两个露天的观景台,整栋建筑共有 37 层高,分别用做旋转餐厅、艺术空间、会议室、商店、电影院以及广播设施。

六、阿尔哈姆拉大厦

阿尔哈姆拉大厦,位于科威特首都科威特城,设计者为美国 SOM 建筑设计事务所,设计高度 412 米。阿尔哈姆拉大厦的每间办公室都有一扇窗户,将给办公人员留下俯瞰城市美景的空间:整座大厦将科威特城以及阿拉伯海湾的美景尽收眼底。从外面仰望阿尔哈姆拉,同样给人以美的享受,其曲线和面纱般的"雕刻"外形与类似高度的摩天大楼截然不同。阿尔哈姆拉系出名门,由设计迪拜塔的 SOM 建筑事务所一手设计。它将用做科威特城的办公大楼,其中最下面的 5 层辟为购物天堂,11 层作为停车场,将购物商场和大楼一分为二。同加拿大的"弓"一样,阿尔哈姆拉也被一个名为"天空大堂"的双层观景台分为三个区域。竣工后,它将成为科威特城最高的建筑。

七、中钢国际广场

中钢国际广场,位于中国天津市,设计者为 MAD 建筑事务所,设计高度约 358 米。中钢国际广场的外观似乎会强化办公室白领作为"忙碌蜜蜂"的形象,事实上,这也是这栋大楼最酷的特点。其蜂巢状外部结构起到了两个重要作用。首先,作为承重结构,帮助调节光线和热量进入大楼内。通过利用五个大小不同的六角形窗户的交替外形,国际广场的房间可以获得充足的阳光,同时保持合适的温度,夏天不需要空调,冬天不会有太多的热量流失。缓解一栋数百米高建筑的散热和供热压力,将大大降低中钢国际广场的能耗。其次,由于蜂巢状外部结构起到大楼支撑物的作用,意味着大楼内部不需要保留广阔的基础构架,从而腾出更多空间用做其他用途。中钢国际广场毗邻一个 88 米高的住宅公寓,这栋公寓将采用类似的蜂巢状外部结构。

八、威尔大厦

威尔大厦,位于美国纽约市,设计者让·努维尔,设计高度约352米。当威尔大厦设计方案最早被提出来的时候,因其超前的有角设计,以及它超过克莱斯勒大厦的事实,而遭到曼哈顿人的坚决反对。不过,经过重重波折,海尼斯房地产公司最终获得建造这栋建筑的权利。威尔大厦一旦竣工,它将包括大片艺术空间,成为纽约现代艺术馆的一部分。最上面的几层将作为豪华公寓和酒店房间。大楼的双子塔尖如钻石般透彻,有人认为它将对纽约现代艺术馆的艺术品起到有益的补充。

九、比克曼大厦

比克曼大厦,位于美国纽约,设计者弗兰克·盖里,设计高度为264米。比克曼大厦的外观给人一种超凡脱俗、特立独行之感,设计风格类似于法国鬼才建筑大师弗兰克·盖里的一些标志性作品。在你注意到小小的细节之前,恐怕很难发现这种风格。比克曼大厦不锈钢外立面呈现出宜人的波状结构,这一切要归功于其错落有致的单元结构形成的外观。外部曲线直抵不规则的地面,尽管从远处看外观几乎无差别,但大厦每一层都有其独特之处,绝无雷同。比克曼大厦的外立面并非这栋建筑唯一的迷人、奇特之处:它还呈现出一种独特的公共空间与私人空间共存的形态——大楼最底下的6层正在修建一所公立小学。大楼本身还包括零售空间,附近纽约市中心医院的办公场所及各种不同规模的公寓。实际上,楼内的设计更加沉稳。比克曼大厦外观设计是盖里的手笔,但他

□比克曼大厦

141

并没有触及内部结构。盖里在接受采访时表示:"我不喜欢专注于生活方式的建筑。我之前的一代建筑师习惯于设计一切,但我不喜欢。"

十、弓

弓,位于加拿大阿尔伯达省卡尔加里市,设计者为福斯特建筑事务所,设计高度为236米。弓这一名称来自于该建筑独一无二的曲线造型。竣工后,它将成为卡尔加里市第一座钢结构摩天大楼,这种结构意味着弓所用的建筑材料将大大减少,因为钢构架消除了在承重墙体上建大量更为虚弱的支撑的需要。另外,它还将是卡尔加里市最高的建筑,福斯特建筑事务所的设计团队会把它打造成为一座环保、可持续性的建筑。弓楼高约18层,分为商业区、购物区和休闲区三个区域,南向中庭横跨整个弓的外立面。外立面将大厦内部完全暴露于充足的阳光下,到了冬季可以帮助大厦保持温暖舒适的环境。弓独特的玻璃结构有利于光线进入,从而能将能量保存起来,这意味着它可以利用更多自然光照,少用人工光照。尽管弓的高度只有236米,并没有资格在全球一百座最高的建筑名单中占据一席之地,但它却是环保建筑思想的典范之作。

📖**知识链接**

建筑工程设计计划

环顾全球,建筑师们纷纷提出各自宏伟的建筑工程设计计划,向迪拜塔的纪录发起有力的挑战,他们中有的追求高度,有的追求风格,有的注重环保,但这些建筑有一个共同的特点,就是外观新颖、别致,让人过目不忘。它们设计超前,结构环保,弥补了高度上的不足。

未来酒店的猜想

科普档案 ●建筑猜想:未来酒店 ●包含内容:可飞行的酒店,地球上的月亮酒店,月球上的疯狂酒店等

随着建筑师和设计师加紧打造新的酒店模式,一些具有创新色彩的未来酒店将逐渐成为现实。如果你是一个喜欢周游列国的人,你就一定会注意到未来酒店正向我们走来。

一、可飞行的明日豪华酒店

可飞行的明日豪华酒店指的就是 Aeroscraft,它是一艘重 400 吨的巨型软式飞艇,可用于搭载乘客,其内部空间巨大,相关设施也与豪华班机不相上下。这座飞行酒店的个头相当于两个足球场,依靠约 39.6 万立方米氦气、巨型氢燃料电池提供动力的推进器以及 6 个涡轮喷气发动机在空中漂浮和飞行。它能够容纳 250 名乘客,飞行高度可达到 2438 米。除了让乘客体验飞行的快乐外,Aeroscraft 还为他们准备了贵宾包房、赌场、饭馆和特等包房,让他们尽情享受高科技带来的乐趣。

二、建在地球上的月亮酒店

在韩国建筑公司 HeerimAr-chitects 看来,我们没有必要一定要到月亮上走一遭,在地球上也同样可以建造月亮酒店。有消息说,两座灵感来源于月亮的超现代风格酒店将在阿塞拜疆首都巴库拔地而起,其中一座名为满月酒店,外形类似《星球大战》中的死亡之星,另一座名为"新

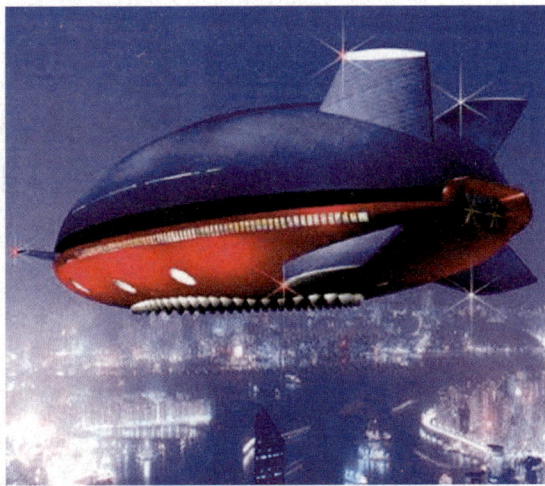
□可飞行酒店

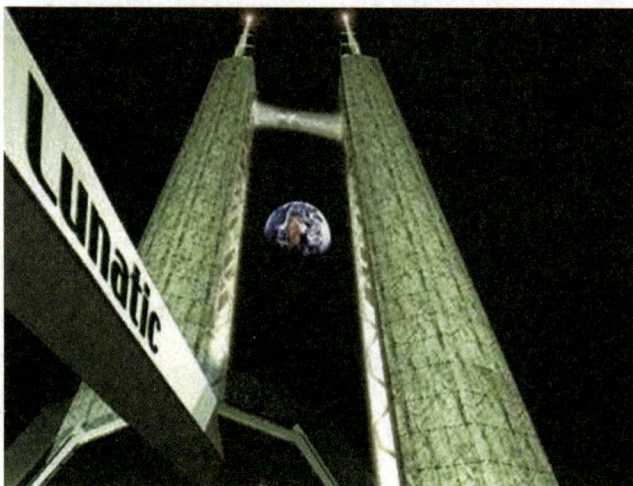
□ 建在月亮上的疯狂酒店

月酒店",与"满月"形成鲜明对比。

三、建在月亮上的疯狂酒店

我们中很多人一定常做这样的梦——希望能到月亮上度蜜月。然而,我们也只是梦想一下而已,通常还是会把实现这一梦想的希望寄托在孩子或者孩子的孩子身上。但在荷兰鹿特丹建筑学院和世界顶尖建筑设计公司 Wimberly Allison Tong Goo 工作的设计师汉斯·于尔根·罗姆堡手上,这一梦想将在不远的将来成为现实。由他一手设计的名为"疯狂酒店"的卫星将投入建造,预计将于 2050 年完工。

四、布鲁斯·琼斯的海下酒店

布鲁斯·琼斯的大部分职业生涯都花在为富豪和名流设计具有突破性的潜艇上。也许是厌倦了这份工作,现在的琼斯开始在酒店业大展其设计才华,位于斐济的一个私人岛屿成为他的"试验场"。

波塞冬海下度假村被面积约 3.04 万亩的礁湖环绕,豪华套房的面积达到 51 平方米。所有宾客将搭乘潜艇入住这家海下酒店,但这种海下之旅的费用相当昂贵,每人的入住费高达 1.5 万美元,其中包含搭乘私人飞机从斐济机场到达"波塞冬"的费用。除了过一把坐潜艇的瘾外,游客还可以体验帆伞、深礁远足、洞穴探险、戴上自携式水下呼吸器潜水、在海床上跋涉以及各种水上运动。

五、阿派朗岛酒店

这家高科技酒店极具未来派色彩,可以说具有相当大的吸引力。除此之外,建造者还想尽一切办法将奢侈与舒适发挥到极致,除了必不可少的饭馆、电影院、零售商店、艺术长廊、会议设施外,这家酒店还为宾客准备了私人礁湖、海滩和温泉。毫无疑问，阿派朗岛这家设计超前的酒店将具有游客难以抗拒的魅力，它会像催眠师一样将世界各地的游人吸引过来，让他们体验前所未有的度假享受。

六、钻戒酒店

对于"钻戒"这个未来酒店，它的外形类似一个185米高的费里斯大转轮。这座酒店将建在阿布扎比。从初步的建筑设计图来看，"钻戒"这个名字还称不上实至名归，而更多的是在概念上的诠释。

七、水世界酒店

提到水世界酒店，读者们一定会联想到凯文·科斯特纳1995年的影片《未来水世界》。可容纳400人的水世界酒店位于中国松江一个废弃的采石深坑内。由于身处郊外，美丽纯朴的自然风光成为它的一大亮点，而建在水下的公共区域和客房则让它散发出一种独特魅力。除了咖啡馆、饭馆和常见的运动设施外，水世界还为宾客准备了令他们意料之外的惊喜，比如说用于攀岩、蹦极等极限运动的设施。

八、可折叠的"豆荚"酒店

在英国公司"汤姆逊假日"发表轰动性报告《2024：一个假日奥德赛》之时，这家著名的旅游运营商便预言未来酒店将建在可折叠的荚状物之上，荚状物则建在真正做到"可四海为家"的巨型支柱之上。"汤姆逊假日"所指的就是"豆荚"酒店。这种未来派酒店能够实现自给自足，宾客可以用将最喜

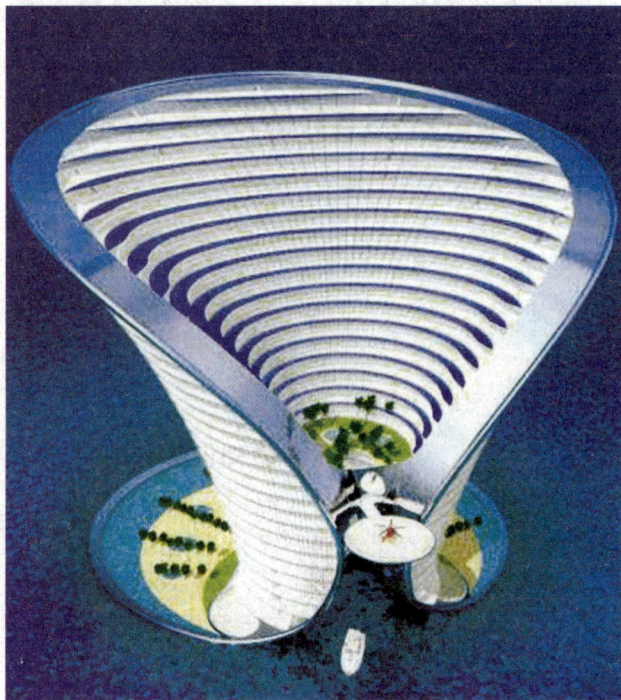
□阿派朗岛酒店

欢的图像投射到墙壁上这种方式设计自己的房间。如果因为度假地无法满足要求或者出现恐怖分子而丧失继续停留的兴趣，他们还可以将酒店"打包"，而后朝新的目的地进发，整个过程就像把帐篷折起来一样简单。

九、充气式太空酒店

这家充气式太空酒店名为"商用空间站太空漫步者"，由拉斯维加斯的毕格罗宇航公司设计。2007 年，无人驾驶的试验性可充气式太空舱"起源 1 号"从俄罗斯发射升空，并顺利进入轨道。如果一切顺利的话，整座充气式太空酒店将于 2015 年建造完毕，那时的它将在地球上空 515 千米处遨游。充气式太空酒店的建造成本只有微不足道的 5 亿美元，但入住费用却高得惊人，预计最高可达到 100 万美元。

十、迪拜帆船酒店

高 321 米的帆船酒店又称"阿拉伯塔"，是世界上唯一一座 7 星级酒店，由于外形酷似一个被风鼓起的船帆，因此才得到"帆船"这个名字。帆船酒店坐落于迪拜海岸线之上，四周被精妙的水火交融的彩色雕塑环绕，令这里的夜景更加迷人和壮观。据悉，这家全套房酒店的司机会驾驶劳斯莱斯接送游客，每一层都设有私人前台接待处，训练有素的管家全天 24 小时上岗，随时准备为游客提供最热情周到的服务。

知识链接

未来酒店

随着建筑师和设计师加紧打造新的酒店模式，一些具有创新色彩的未来酒店已脱离制图板并逐渐成为现实。这些未来酒店的一个最大特点就是它们的所在地，陆地已然不是唯一的选择，它们的身影将出现在之前不敢想象的海下、天空甚至地球以外的太空。

未来天空之城的构想

科普档案 ●建筑猜想：天空之城　●特点：环保，交通运输系统便捷，容纳人口多等

随着世界人口的激增，大城市的承载力也在猛增。怎样才能在这不会变大的空间里安置更多的人？在以下象征未来的世界七大空中城市的设计构想中或许能找到部分答案。

随着世界人口的激增，大城市的承载力也在猛增。人们憧憬着更好的工作机会和美好生活，纷纷涌向大城市，使得全世界范围内大城市的人口负荷不断加重。从使用石油到改用生物燃料的这一转变使人们开始考虑土地的使用问题，燃料使用观念的改变是否意味着：那些原本用来开发的地现在都会被用来种农作物以及生产能源呢？这就留给世界上的许多大城市一个大难题：怎样才能在这不会变大的空间里安置更多的人呢？在以下象征未来的世界七大空中城市的设计构想中或许能找到部分答案。

一、东京 ShimizuTRY2004 巨型金字塔

ShimizuTRY2004 巨城金字塔：这座天空之城大得令人难以想象。

ShimizuTRY2004 巨城金字塔落成后将比埃及的吉萨金字塔大 12 倍。该建筑由 8 层堆砌而成，总占地面积 88 平方千米。每一层都有大约相当于拉斯维加斯的 Luxor 酒店一般大小的小金字塔组成。塔内的 1~4 层商住两用，5~8 层设有娱乐和

□未来天空之城构想图

公共设施。大金字塔可以容纳 75 万人，占了东京巨大总人口数的 1/16。解决那么多人的出行问题是项巨大挑战，然而便捷的交通运输系统以及快速移动人行道和电梯网通过 55 个交通枢纽连接整个城市保证了人们出行。巨塔的外部表面会有一层光电涂层将太阳能转换为电能，让城市更环保。

二、东京 X-Seed4000

X-Seed4000 可谓一个建筑梦，这个构想早在 1995 年就被提出了，当时的初衷只是为了引起那些具有宏图构案设计师的注意。当然，即便这个方案只处在构想阶段，我们仍觉得这是个非凡的建筑设计。X-Seed4000 高 4000 米，富士山与其相比都相形见绌。富士山是建筑师的设计灵感来源。这个造价一兆日元的巨型建筑形似帐篷由巨柱支撑，每根柱子都可以住人。建筑内有 800 层，占地 67 平方千米，可容纳 50 万~100 万人。要建造这样一个巨型建筑当然需要用到各种科技，包括新一代便捷交通运输网，高速电梯以及一个可以测控整个内部空间温度变化、风速和气压的系统。

X-Seed4000 会使用太阳能作为其动力来源，但不清楚是否会在其外表面安装光电板或新型超薄太阳能板来吸收太阳光。建筑内部叶茂林密，充分体现 Soleri 人与自然和谐共处的理念。

三、东京天空之城 1000

天空之城 1000，由 Takenaka 公司在 1989 年最早提出，是座高 1000 米可以自控的城市构型。如果 Takenaka 的方案可行，那么 Soleri 的生态建筑构想就能得以实现。天空之城 1000 由 14 处生态高地组成，绿化占地 8 平方千米，外围由玻璃层保护。该建筑可容纳 3.6 万名常住居民，10 万流动上班族，内部还设有学校、商店、剧院以及一系列其他公共设施。现在正在研制的新一代三层坡速电梯将成为天空之城 1000 的交通主干，它建成后人们从底层到顶层只需 2 分钟。每处高地都设单轨铁路系统实现人们便捷的平面移动。天空之城 1000 将土地重新回收利用变成绿化空间，理论上可以降低东京的高温。尽管这个设计方案还在构思阶段，有关部门还正对其进行严加考虑，但如果方案通过的话，天空之城 1000 可能会成为世界上第一座生态建筑。

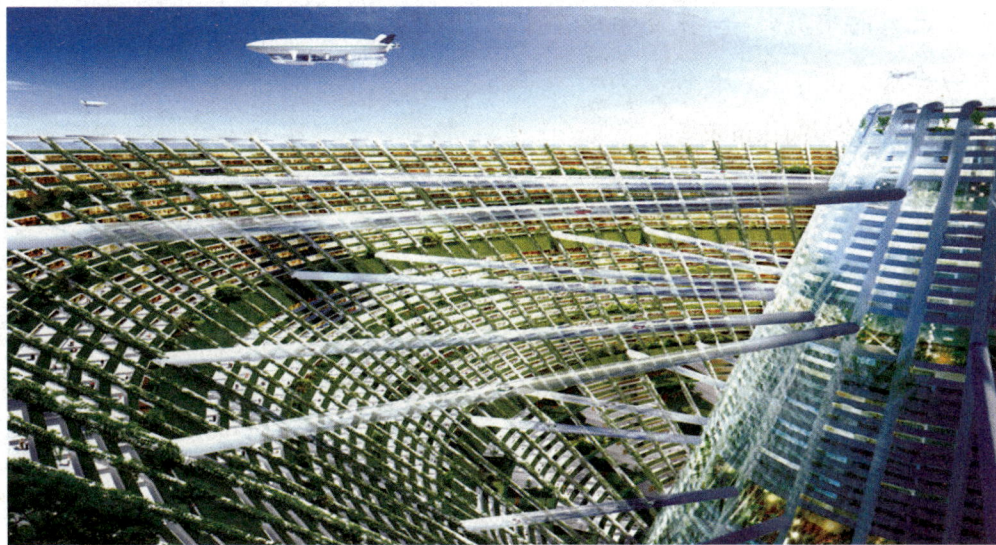

□未来天空之城构想图

四、东京千年塔

东京千年塔，高850米圆锥形的千年塔最早是由诺曼·福斯特提出来解决东京开发用地短缺和人口过度问题的。该塔将被建在离东京湾1.2海里(1海里为1.852千米)的海上，它有170层楼那么高，1平方千米的平面空间可以商住两用。千年塔里有一条高速地铁网，网上汽车一次能载160人，使塔内居民能自由穿梭，可以保证一个6万人口的社区人口正常出行。每13层都设有一个交通中转站，塔内的公交系统连接这些枢纽，乘客可在这些中转站上下车或转乘直达电梯、自动扶梯、移动人行道。塔内的风力涡轮机和上层安装的太阳能板为整个建筑提供能源，是目前提出的最环保的建筑方案。

五、莫斯科水晶岛

水晶岛，诺曼·福斯特的水晶岛近来得到在离克里姆林宫只有7242米的Nagatino半岛上建造的初步许可。高457米的水晶岛是座自给自足的独立城市，其占地2.5平方千米，是五角大楼的4倍，有多种用途。这座巨型建筑有容纳3万居民的900套公寓，同时还有3000间酒店房间，设有电影院、剧院、购物中心、健身中心和有500名学生的国际学校。从300米高的观景平台望去可以看到莫斯科街道的全景。落成后的水晶岛中庭将成为世界上最大的中庭之一,在夏季这个中庭可以开放来控制 800 米高处公共空间的温度。

六、旧金山 Ultima 塔

Ultima 塔,Eugene Tsui 以他对于未来巨型建筑的热情而著称。他设计的塔高 3.2 千米的 Ultima 可以应对寸土寸金的旧金山的人口激增问题。设计构想中的 Ultima 塔有一个 1829 米直径的底座,500 层楼面叠加构成一个巨大的圆锥形,覆盖总共 163 平方千米的空间面积。Tsui 向人们展示了一个能够容纳一百万人口的垂直空间的设计构想,这与之前的任何类似设计方案相比是有过之而无不及的。表面的太阳能吸收板、风力涡轮机以及一种利用顶部和底部的压差来发电的气压能转换技术为 Ultima 提供能源维持其运作。落成后的 Ultima 在 30~50 层高度的楼层设有开放的绿化空间,特有的叠层设计使人身处这样的高度却不会有恐高的感觉。值得一提的是尽管 Ultima 非常高,但乘坐每小时 4.8 千米时速的电梯用不了 10 分钟就可以从底层到顶层了。

七、香港、上海电子超能塔

电子超能塔这个垂直城市的设计构想引起了香港和上海的兴趣,这两处都是人口密度相当高的城市。如果该设计方案被采用,那么将有一座高 1204 米,包括 300 层楼面内部面积总共达 2 平方千米的摩天建筑在香港或是上海的土地上拔地而起。该塔将被建在一个和内陆相连的大小为 1 平方千米的人工岛上,有 10 万居民可以入住。想想建造在世界上人口密度最高的区域之一的香港或是上海,电子超能塔的造价会是多少呢?预计将达到150 亿美元。

知识链接

天空之城

随着人口的不断增加,我们的空间将不断地被压挤、缩小,怎样才能在这不会变大的空间里安置更多的人呢?也许在不久的将来,七大天空之城都会变成现实,展现在我们的面前。

建筑师构想"漂浮之城"

科普档案 ●建筑猜想:漂浮之城　　●设计者:比利时著名建筑设计师文森特·卡尔伯特

由于气候变暖、冰山融化等因素，一些学者预测到 2100 年，整个地球就将被海水淹没，届时人类将逃往哪里呢？比利时著名建筑设计师文森特·卡尔伯特设计了两座"漂浮之城"，每座可供 5 万人同时居住。

由于气候变暖、冰山融化等因素，一些学者预测到 2100 年，整个地球就将被海水淹没，届时人类将逃往哪里呢？比利时著名建筑设计师文森特·卡尔伯特设计了两座"漂浮之城"，每座可供 5 万人同时居住。

"漂流之城"的正式名字叫作"丽丽派德"（百合花瓣之意），它呈圆盘形状，直径达到 1000 米，上面修建有一些从数十米到数百米之间高低不等的流线型建筑。从空中俯瞰，"丽丽派德"的外形就像漂浮在海洋中的一朵盛开的百合花，而且这些或高或低的"花瓣"还可以自由组合，和中央区域可以拆分。

"丽丽派德"是一个真正的"双栖海上城市"。它的上半部分露出海面，是一座与陆地建筑没有区别的建筑；而整个城市的下半部分则浸没在水下，又令它犹如船只一样可以在海面上四处漂流。"丽丽派德"可以随着不同季节的洋流变化从赤道漂流到南极或北极，每年都在两极之间的海洋中悠然"行驶"。

环保的漂浮之城里没有汽车，真正实现了"零排放"，

□漂流之城"丽丽派德"

生活等垃圾将通过循环再利用。太阳能和潮汐能为其提供环保能源。容纳5万人的陆地海底生活自由切换。"丽丽派德"将拥有世界上最大的海上体育馆、圆形剧院，医院、户外公园、高尔夫球场，让"海上居民"就像居住在陆地上一样方便惬意。而其水下部分的外壳为全透明材料制造而成，让居民能在水下餐厅边进餐边欣赏海底美景，从而在"陆地生活"和"海底生活"之间自由切换。

这种城市以用来积蓄和净化雨水的人造湖为中心修建，综合了多种地形和造景，四周起伏的人造山让城里的人除了看到周围浩瀚的海景外，还能有限地实现人和自然的和谐共存。每一座城市都是能在海面上自由漂泊的人工生态岛。山坡上布满了太阳能转换面板，为城市运转提供能量。除此之外，风能、水力和一个潮汐电站也将为城市的运行提供动力。整个城市里将没有道路和汽车，同时通过对二氧化碳和废物的循环利用彻底实现零排放。可以说，这是座完全环保的城市，绝不会导致海平面继续上升。

建筑师文森特·卡尔伯特目前还没有估算出该建筑的造价，但是他表示其设计的宗旨就是创造人与自然的和谐共存之地。

📖 **知识链接**

漂浮城市

文森特·卡尔伯特最初设计这些漂浮城市的灵感来源于亚马逊一种植物叶子的形状。天高海蓝，没有工作的压力，大口呼吸无污染的空气，听不见楼上刺耳的装修噪声，人类没有一天不憧憬生活在这样的一个地方。